中国海洋经济发展报告
2018

国家发展和改革委员会　自然资源部　编

海洋出版社

2019 年·北京

图书在版编目（CIP）数据

中国海洋经济发展报告．2018/国家发展和改革委员会、自然资源部编. —
北京：海洋出版社，2019. 2

ISBN 978-7-5210-0333-8

Ⅰ . ①中… Ⅱ . ①国… Ⅲ . ①海洋经济–经济发展–研究报告–中国–2018
Ⅳ . ①P74

中国版本图书馆 CIP 数据核字（2019）第 045261 号

责任编辑：肖　炜　任　玲
责任印制：赵麟苏

海洋出版社　出版发行

http://www.oceanpress.com.cn

北京市海淀区大慧寺路 8 号　邮编：100081
廊坊一二〇六印刷厂印刷
2019 年 3 月第 1 版　2019 年 3 月北京第 1 次印刷
开本：787mm×1092mm　1/16　印张：9. 5
字数：97 千字　定价：48. 00 元
发行部：010-62132549　邮购部：010-68038093
编辑室：010-62100038　总编室：010-62114335

海洋版图书印、装错误可随时退换

前　言

　　2017 年是我国经济社会发展进程中具有里程碑意义的一年，也是海洋经济进一步优化、调整、升级的关键之年。沿海各地和国务院有关部门以习近平新时代中国特色社会主义思想为指导，全面贯彻落实党的十九大精神，按照《中华人民共和国国民经济和社会发展第十三个五年规划纲要》《全国海洋经济发展"十三五"规划》有关要求，稳步推进海洋经济发展的各项工作，海洋经济总体稳中向好，为国民经济健康稳定发展奠定了坚实基础。

　　为全面反映海洋经济发展情况，国家发展和改革委员会、自然资源部共同组织编写了《中国海洋经济发展报告2018》（以下简称《报告》）。《报告》系统回顾了改革开放 40 年以来我国海洋经济发展取得的成就，全面总结了 2017 年我国海洋经济发展的总体情况，对沿海省（区、市）2017 年海洋经济发展主要成就与举措，以及 2018 年工作重点进行了综述。同时,《报告》专门设立了"金融篇",分别从国家和沿海地方引导、优化促进海洋经济发展的金融环境以及金融机构促进海洋经济发展的具体举措两个层面进行了阐述。

本报告中有关部门、单位名称以 2018 年 3 月党和国家机构改革调整后的名称为准。《报告》编写过程中得到了国务院有关部门、沿海省(区、市)发展和改革委员会、自然资源、海洋行政主管部门的大力支持,在此一并表示感谢。

编者

2018 年 12 月

目　录

第三篇　金融篇

第一篇　综合篇

第一章　改革开放 40 年来海洋经济发展成就

1978 年，中国开启了改革开放和社会主义现代化建设的伟大征程。40 年来，在中国共产党的领导下，我国取得了翻天覆地的历史变革和伟大成就。在此进程中，我国海洋经济规模逐步壮大，质量效益不断提高，结构布局持续优化，实现了由小到大、由弱到强的历史性转变，为海洋强国建设打下坚实的基础。

第一节　海洋经济总体实力显著增强

改革开放之初，我国海洋产业以海洋捕捞、海洋盐业、海洋交通运输业和海洋造船业为主，海洋产业总产值约为 60 亿元。经过 10 多年的不断发展，到 1990 年，我国主要海洋产业总产值达到 438 亿元，相当于改革开放之初的 7 倍多。2003 年，主要海洋产业总产值突破 1 万亿元，海洋经济从小到大，规模不断扩大。党的十六大之后，在"实施海洋开发""发展海洋产业"国家战略引导下，我国海洋经济发展步入快车道。2002—2012 年，全国海洋生产总值年均增速为 12.8%，高于同期国民经济增速 2.4 个百分点，海洋生产总值占国内生产总值的比重逐步提升，海洋经济在国民经济中的地位日益提高。党的十八大以来，随着我国经济发展步入新常态，海洋经济呈现稳中有进的发展态势。2012—2017 年，海洋生产总值年均增速达到 7.4%，高于同期国民经济增速 0.2 个百分点，占国内生产总值比重接近 1/10，海洋经济成为国民经济重要组成部分。

第二节　海洋产业蓬勃发展不断壮大

传统海洋产业保持稳步发展，转型升级和提质增效步伐加快。改革开放以来，我国海水产品产量增长了近 10 倍，海盐产量增长了 5 倍，海洋货物运输量和远洋货物运输量分别增长了 28 倍和 26 倍，我国发展成为世界主要造船大国。特别是党的十八大以来，传统海洋产业在保持稳中向好发展态势的同时，积极推进供给侧结构性改革，动力提升促进了转型升级，提质增效促进了可持续发展。以海洋渔业为例，近年来海洋捕捞比重逐年下降，海水养殖和远洋渔业比重持续上升，结构调整优化成效显著，增殖渔业、休闲渔业的蓬勃发展以及"海上粮仓""海洋牧场"的实施推广，成为传统海洋产业转型升级发展的亮点。

海洋新兴产业规模逐步扩大，催生发展新动能作用凸显。科技引领是海洋新兴产业得以发展壮大的根本前提，海洋生物医药、海水利用、海洋可再生能源和海洋工程（简称"海工"）装备制造等一批海洋新兴产业快速发展，规模不断提升。沿海缺水城市和海岛积极推进海水淡化工程建设和规模化应用，目前全国已建成海水淡化工程130余个，生产规模接近120万吨/日，比2012年增长了53.6%；海上风电实现跨越式发展，2017年累计装机容量较2012年增长了7.2倍；随着海洋药源生物的开发和产业化进程加速，海洋生物医药业得到大力发展，2012—2017年产业增加值年均增速达到16.2%，位居各海洋产业前列。

海洋服务业地位继续巩固，带动、领跑作用明显。改革开放以来，我国海洋服务业规模不断扩大，成为海洋经济的"半壁江山"和带动海洋经济持续发展、拉动沿海地区经济增长的重要"推进器"。特别是党的十八大以来，海洋服务业增加值年均增速达到9.9%，高于同期海洋生产总值增速2.5个百分点和同期国民经济服务业增加值增速1.8个百分点。以海洋旅游业为例，随着居民收入快速增长和消费理念的转变，滨海旅游市场持续保持繁荣势头。党的十八大以来，海洋旅游业增加值年均增速达到12.1%，邮轮游艇、海洋休闲娱乐等高端产品和新兴业态的不断涌现，成为带动海洋服务业快速增长的新动力。

第三节　海洋经济布局更加合理优化

全国海洋经济发展的"三圈"格局基本形成。改革开放以来，沿海地区一直是我国经济发展和对外开放的增长极与排头兵，沿海地区经济的稳定增长与持续发展牵动着我国经济的总体走势。在沿海地区经济社会发展中，海洋经济同样发挥着重要的作用。沿海地区的北部（辽宁、河北、天津、山东）、东部（江苏、上海、浙江）、南部（福建、广东、广西、海南）三大海洋经济圈格局基本形成并不断巩固，在"一带一路"建设、京津冀协同发展、长江经济带发展和粤港澳大湾区建设等重大区域战略中发挥积极作用。2017 年，全国海洋生产总值占沿海地区生产总值比重达到 16.7%，北部、东部、南部三大海洋经济圈海洋生产总值分别达到 2.5 万亿元、2.3 万亿元、3.0 万亿元，占全国海洋生产总值的比重分别为 31.7%、29.6%、38.7%。

以海洋为特色和主题的国家级新区成为海洋经济集聚发展和改革创新的高地。改革开放以来，经济特区和国家级新区的建设发展成为我国改革创新和对外开放的先行者和引领者。目前，在国家批准设立的 19 个国家级新区中，上海浦东新区、天津滨海新区、浙江舟山群岛新区、广州南沙新区、青岛西海岸新区、大连金普新区以及福建福州新区等 7 个新区涉及海洋经济发展，其中，浙江舟山群岛新区和青岛西海岸新区等以海洋经济为特色和主题。有关国家级新区在探索创新海洋经济发展新路径和新模式、带动和引领区域经济发展和对外开放中发挥着重要的示范作用。

形成一批海洋特色鲜明、区域品牌形象突出、核心竞争力强的重点海洋产业集群。改革开放以来，特别是经济发展进入新常态后，海洋经济发展对布局优化和集聚新动能提出新的更高要求，"抱团、聚力"式发展逐步成为提升区域核心竞争力、培育发展新动力和优化海洋资源配置的主要布局模式之一。如以海洋工程装备制造业、海水利用业发展为主导的天津临港经济区,吸引了一批龙头企业和重大项目聚集,涉海企业达到 260 余家,提供了超过 3 000 个就业岗位,为地区经济社会发展做出重要贡献。浙江省舟山远洋渔业基地以国际水产品精深加工、远洋水产品冷链物流、远洋捕捞船队综合服务配套等为牵引,汇聚远洋渔业企业 30 余家,年捕捞量约占全国的 22%,逐步形成了较为完善的远洋渔业产业链。

第四节　海洋科技创新能力持续提高

"科技兴海"战略深入实施,创新驱动助力海洋经济。从"科学技术是第一生产力"到"创新驱动发展战略",改革开放 40 年来,科技创新在经济社会发展中的地位不断提升。为增强海洋科技创新能力,深化海洋经济创新驱动发展,国家先后推动设立海洋高技术产业基地、科技兴海产业示范基地、海洋经济创新发展示范城市、海洋工程技术中心等,实施了一系列试点示范工程。一批涉海企业相继组建了海洋监测、深海装备、海水淡化等产业创新发展联盟,海洋高技术企业快速成长,进一步夯实海洋科技成果转化和产业化应用的基础,产学研结合更为紧密。

"海洋重器"屡创佳绩,海洋资源开发利用能力不断提升。改革开放初期,我国对深海、极地的认知和探索尚未起步,经过 40 年发展,我国深海与极地资源勘查探测能力突飞猛进,"蛟龙"号载人潜水器成功下潜到 7 062 米,使我国在载人深潜深度上跻身世界前列。"深海勇士"号 4 500 米载人潜水器顺利通过海试验收，钛合金载人舱、超高压海水泵、充电锂电池、浮力材料等核心部件和关键技术取得突破，按全部部件价值计算，国产化率达到 95%，总体性能达到国际先进水平。"海马"号遥控无人潜水器（ROV）、"潜龙二号"自主式水下机器人（AUV）等无人潜水器顺利研制成功并开展试验性使用，基本形成了 4 500 米级全功能作业能力。以"海翼"号深海滑翔机为代表的多型深海探测装备成功挑战马里亚纳海沟，形成了从 1 500 米级到 1 万米级深海装备谱系化、功能化、研发产业化布局。依托"蓝鲸一号"钻井平台，我国在南海海域首次成功试采可燃冰。海水淡化设备国产化率从 40% 上升到现在的 85%，一批海洋生物技术制品实现了规模化生产。海洋资源调查与开发利用技术的提升，为我国海洋经济持续增长不断积蓄动能。

海洋科研基地平台、人才队伍体系逐步完善。目前，我国已建成多个海洋学科重点实验室，其中包括：试点国家实验室（青岛海洋科学与技术试点国家实验室）1 个、国家重点实验室 14 个，部属重点实验室 40 个和省级重点实验室 20 多个。我国海洋领域研究水平与国际先进水平的差距正在逐渐缩小。

第五节 海洋经济对外合作不断拓展

海洋经济"走出去"步伐加快，蓝色增长"新空间"不断拓展。随着"21 世纪海上丝绸之路"倡议的实施，我国与周边国家在基础设施互联互通、经贸往来、人文交流、公益服务等领域展开务实合作，对外贸易和直接投资显著增长，海运贸易规模不断提升。过去 10 年间，海洋经济"走出去"步伐加快，我国与海上丝绸之路沿线国家对外贸易额年均增速达到 8.8%。海洋领域务实合作成效显著，缅甸皎漂港和工业园、巴基斯坦瓜达尔港和自由贸易区、斯里兰卡科伦坡港等一批海外合作项目稳步推进；阿曼海水淡化联产提溴、巴基斯坦水电联产、马来西亚石油平台等多个海洋产业合作项目逐步推动落实。

推动海洋领域国际合作，倡导构建蓝色伙伴关系。中国与泰国、马来西亚、柬埔寨、印度、巴基斯坦、南非等国签署了政府间海洋领域合作协议、合作备忘录和联合声明，与多个海上丝绸之路沿线国家开展战略对接，建立了广泛的海洋合作伙伴关系。2017 年 9 月，中国—小岛屿国家海洋部长圆桌会议在中国平潭召开，并联合发布《平潭宣言》，提出"推动宽领域、多层次的海洋合作，并致力于提升合作水平，巩固合作关系，构建基于海洋合作的蓝色伙伴关系"。2017 年 10 月，中法海洋卫星成功发射，将加强中法两国在全球海洋环境监测领域的合作，在防灾减灾、应对气候变化、保障海洋经济发展等领域发挥重要作用。2017 年 11 月 3 日，中国与葡萄牙签署了《关于建立"蓝色伙伴关系"概念文件及海洋合作联合行动计划框架》，葡萄牙成为欧盟国家中第一个与中国正式建立蓝色伙伴关系的国家。作为"中欧蓝色年"的重要活动，2017 年 12 月，以"蓝色伙伴·合作共赢"为主题的首届中欧蓝色产业合作论坛在深圳召开，论坛围绕海洋经济发展、海洋产业升级、海洋科技创新等主题，共同探讨并推动中欧蓝色产业务实合作。

第六节　海洋经济管理体系逐步完善

规划引导不断健全。2003 年，国务院颁布《全国海洋经济发展规划纲要》（以下简称《纲要》），这是我国首次发布的国家级海洋经济发展专项规划。在《纲要》的指导下，全国沿海地区陆续开展了省级海洋经济发展规划的制定工作。2012 年和 2017 年，《全国海洋经济发展"十二五"规划》和《全国海洋经济发展"十三五"规划》相继印发出台，成为指导全国海洋经济发展的行动纲领。与此同时，国务院有关部门印发了渔业、船舶工业、海洋工程装备制造业、海水利用、海洋可再生能源、海洋科技创新等一系列涉及海洋产业发展的政策法规和规划，逐步形成了"国家+地方、综合+专项"的海洋经济发展规划体系。

试点示范引领有序推进。"十二五"期间，全国共批准设立山东、浙江、广东、福建和天津 5 个试点地区，创新发展模式不断涌现，如山东省青岛蓝色硅谷建设和"海上粮仓"建设、浙江省海洋港口一体化发展和江海联运服务中心建设、广东省湾区经济和美丽海湾建设、福建省金融创新服务、天津市海洋工程装备制造集群集聚和海水综合利用循环经济等，为全国海洋经济发展提供了可复制、可推广的经验。

金融调节与支持更加有力。2014 年 11 月，《关于开展开发性金融促进海洋经济发展试点工作的实施意见》印发，开启了金融助力海洋经济发展的新探索。在国家层面积极推动试点工作的基础上，广东省、江苏省、厦门市和上海市等地方政府与国家开发银行地方分行先后签订了战略合作协议或合作备忘录，一批试点项目陆续启动。

第二章　2017 年我国海洋经济
发展情况

第一节　总体情况

1. 海洋经济运行稳中有进

2017 年，海洋经济运行总体呈现稳中向好的发展态势，海洋经济运行主要指标数据与上年或持平或有小幅提升。据初步核算，2017 年全国海洋生产总值达到 77 611 亿元，增速为 6.9%，比上年提高 0.2 个百分点。海洋生产总值占国内生产总值的比重为 9.4%，与上年持平，对沿海地区经济平稳发展起到了重要的推动作用。

表 1-1　2011—2017 年全国海洋生产总值、增速及比重①

指标	2011 年	2012 年	2013 年	2014 年	2015 年	2016 年	2017 年
海洋生产总值（亿元）	45 580	50 173	54 718	60 699	65 534	69 694	77 611
海洋第一产业增加值（亿元）	2 382	2 671	3 038	3 109	3 328	3 571	3 600
海洋第二产业增加值（亿元）	21 668	23 450	24 609	26 660	27 672	27 667	30 092
海洋第三产业增加值（亿元）	21 531	24 052	27 072	30 930	34 535	38 456	43 919
海洋生产总值增速（%）	10.0	8.1	7.8	7.9	7.0	6.7	6.9
海洋生产总值占国内生产总值比重（%）	9.4	9.4	9.3	9.5	9.5	9.4	9.4

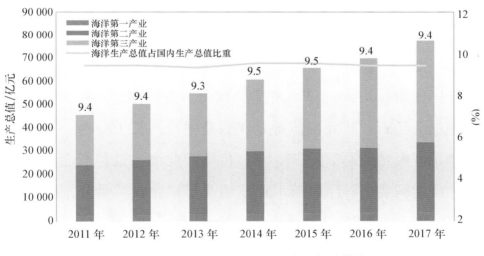

图 1-1　2011—2017 年全国海洋生产总值情况

2. 海洋产业结构持续优化

2017 年，海洋产业结构继续优化。初步核算，海洋第一产

---

① 本报告中部分数据因四舍五入的原因，存在与分项合计不等或海洋三次产业比重合计不等于 100% 的情况。本报告中部分指标存在年度数据调整的情况，以最新年度报告为准。

业、第二产业、第三产业增加值占海洋生产总值的比重分别为
4.6%、38.8%和56.6%，海洋三次产业结构连续6年保持"三、
二、一"的态势。海洋第一产业和海洋第二产业占海洋生产总值
比重与上年相比分别下降了0.5和0.9个百分点；海洋第三产业
发展势头强劲，占海洋生产总值的比重比上年提高了1.4个百分
点，继续发挥着海洋经济稳定器的作用。

3. 海洋经济新旧动能加快转换

2017年，海洋经济发展新旧动能转换加快。在重点监测的
海洋产业中，新登记涉海企业数量同比增长14.2%，净增涉海
企业同比增长9.5%，涉海企业活跃度显著增强。其中，滨海旅
游业最为活跃，新登记涉海企业数量同比增长18.4%，占全国
新登记涉海企业总数的77.7%。传统产业淘汰过剩产能步伐加
快，海洋渔业、海洋船舶工业注销及吊销企业数量分别同比增
长27.4%和12.8%。海洋新兴产业逐渐壮大，保持较快增长。
海洋生物医药业和海洋电力业增加值同比增长11.1%和8.4%，
重点监测的海洋生物医药业和海洋电力企业利润总额同比增长
19.2%和11.1%。

4. 涉海企业生产效益明显提升

在供给侧结构性改革的带动下，涉海企业生产效益明显提升。
2017年，我国重点监测的规模以上涉海工业企业杠杆率不断降

低，平均资产负债率同比下降 3.1 个百分点。企业成本继续下降，每百元主营业务收入成本同比下降 1.7 元。重点监测的规模以上涉海工业企业主营业务收入同比增长 12.2%。重点监测的涉海中小企业主营业务收入、资产同比增长 14.4% 和 3.5%。

5. 海洋产业对外贸易快速增长

在世界经济呈现全面复苏的良好态势之下，2017 年，重点监测的涉海产品进出口贸易总额同比增长 17.1%，其中，出口贸易额同比增长 15.3%，进口贸易额同比增长 27.4%。与海上丝绸之路沿线国家的海运贸易总额同比增长 13.5%。

6. 海洋经济区域布局更加协调

2017 年，沿海地区的北部、东部、南部三大海洋经济圈的海洋生产总值分别达到 24 638 亿元、22 952 亿元和 30 022 亿元，占全国海洋生产总值的比重分别为 31.7%、29.6% 和 38.7%。其中，北部海洋经济圈受天津海洋工程建筑业企业统计口径调整影响，海洋生产总值在全国占比下降了 0.8 个百分点；东部海洋经济圈海洋生产总值占全国海洋生产总值的比重，比上年同期下降了 0.1 个百分点；南部海洋经济圈在海洋交通运输业复苏增长的拉动下，海洋生产总值占全国海洋生产总值的比重，比上年同期上升 0.9 个百分点。山东、浙江、广东、福建和天津 5 个海洋经济试点省（市）在海洋经济发展新旧动能转换、提质增效方面发挥示范作用，2017 年与 2016 年相比，5 个海洋经济试点省（市）的海洋生产总值占全国海洋生产总值比重提升了 0.3 个百分点。

表1–2　三大海洋经济圈和5个海洋经济试点省（市）海洋生产
总值及占全国海洋生产总值比重

	2016 年		2017 年	
	海洋生产总值（亿元）	海洋生产总值占全国海洋生产总值比重（%）	海洋生产总值（亿元）	海洋生产总值占全国海洋生产总值比重（%）
北部海洋经济圈	22 657	32.5	24 638	31.7
东部海洋经济圈	20 668	29.7	22 952	29.6
南部海洋经济圈	26 369	37.8	30 022	38.7
山东省	13 280	19.1	14 776	19.0
浙江省	6 598	9.5	7 200	9.3
广东省	15 968	22.9	18 156	23.4
福建省	8 000	11.5	9 178	11.8
天津市	4 046	5.8	4 263	5.5

7. 海洋经济发展对社会民生的贡献增强

海洋经济的平稳增长，继续带动就业。2017 年，全国涉海就业人员数量持续增加，达到 3 657 万人，占全国就业总人数的 4.7%，与上年持平。海水养殖业持续向好发展，渔民生活水平不断提高，2017 年海洋渔民人均纯收入较上年增长 10.7%。海洋旅游业蓬勃发展，2017 年沿海主要城市接待游客量同比上升

12.1%，重点监测的 38 个国家级海洋公园部分节假日接待游客量同比增长 28.0%，海洋经济保障民生的能力进一步增强。

第二节　主要海洋产业发展情况

2017 年，主要海洋产业实现平稳发展。海洋传统产业改造升级，结构不断优化；海洋新兴产业逐渐壮大，保持较快增长；海洋服务业水平不断提升，发展质量不断提高。

表 1-3　2017 年主要海洋产业增加值及可比增速

海洋产业	增加值（亿元）	可比增速（％）
海洋渔业	4 676	-3.3
海洋油气业	1 126	-2.1
海洋矿业	66	-5.7
海洋盐业	40	-12.7
海洋化工业	1 044	-0.8
海洋生物医药业	385	11.1
海洋电力业	138	8.4
海水利用业	14	3.6
海洋船舶工业	1 455	-4.4
海洋工程建筑业	1 841	0.9
海洋交通运输业	6 312	9.5
海洋旅游业	14 636	16.5

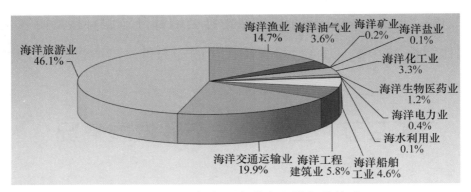

图 1-2　2017 年主要海洋产业增加值构成

1. 海洋渔业

2017 年，我国海洋渔业总体运行平稳，供给侧结构性改革初显成效，海水养殖产量同比上升 4.46%，海洋捕捞产量同比下降 6.30%，特别是近海捕捞产量首次出现大幅下降。海洋牧场建设进程加快，截至 2017 年年底，已公布国家级海洋牧场示范区 64 个，海洋牧场 233 个，面积超过 850 平方千米。远洋渔业发展持续向好，产量同比上升 4.97%。

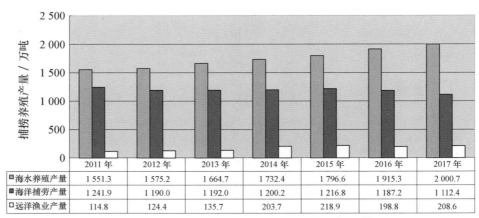

	2011 年	2012 年	2013 年	2014 年	2015 年	2016 年	2017 年
海水养殖产量	1 551.3	1 575.2	1 664.7	1 732.4	1 796.6	1 915.3	2 000.7
海洋捕捞产量	1 241.9	1 190.0	1 192.0	1 200.2	1 216.8	1 187.2	1 112.4
远洋渔业产量	114.8	124.4	135.7	203.7	218.9	198.8	208.6

图 1-3　2011—2017 年海洋捕捞养殖产量[①]

①　来源于农业农村部渔业渔政管理局。

2. 海洋油气业

2017 年，受国内外市场需求和海洋油气业生产结构调整的影响，海洋原油产量 4 886 万吨，比上年下降 5.3%；海洋天然气产量 140 亿立方米，比上年增长 8.3%。海洋油气业全年实现增加值 1 126 亿元，比上年下降 2.1%。与此同时，我国深水油气勘探开发能力不断提升，我国南海海域天然气水合物试采成功，使我国成为全球领先掌握海底天然气水合物试采技术的国家。

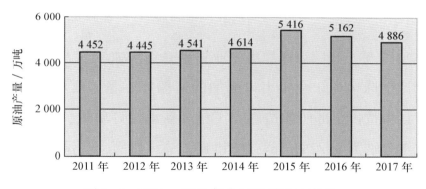

图 1-4　2011—2017 年全国海洋原油产量

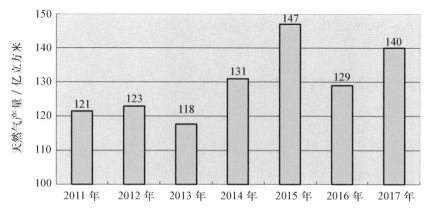

图 1-5　2011—2017 年全国海洋天然气产量

图 1-6   2011—2017 年海洋原油产量占全国原油产量比重

3. 海洋船舶工业

2017 年，我国海洋船舶工业转型升级加速，三大造船指标继续保持全球领先。全年出口船舶的造船完工量、新承接订单量、手持订单量占全部船舶造船完工量、新承接订单量、手持订单量的比重分别为 91.2%、84.2% 和 88.7%。然而，受国内外市场需求影响，我国海洋船舶工业手持订单量下降，船舶企业开工不足，"融资难、交付难、盈利难"等问题依然存在，全年实现主营业务收入 430.8 亿元，比上年下降 44.8%。

4. 海洋工程装备制造业

我国海洋工程装备制造业面临较大下行压力。2017 年，全国新接订单金额为 25 亿元，远低于近 5 年新接订单的平均金额 86 亿元。为推进海工装备产业发展，11 月底，工业和信息化部等 8 家部委联合发布《海洋工程装备制造业持续健康发展行动计划

图 1-7　2011—2017 年造船完工量及同比增速

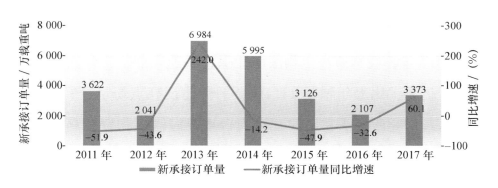

图 1-8　2011—2017 年新承接订单量及同比增速

图 1-9　2011—2017 年手持订单量及同比增速

（2017—2020 年）》，明确了我国海洋工程装备制造业的发展目标、重点任务和保障措施。海工龙头企业加紧高端海工装备研发生产，中船重工武昌船舶重工集团有限公司顺利交付世界首座全自动深海半潜式"智能渔场"；烟台中集来福士海洋工程有限公司交付自主设计建造的、全球最先进的超深水双钻塔半潜式钻井平台"蓝鲸一号"。

5. 海洋生物医药业

2017 年，我国海洋生物医药业保持快速发展，全年实现增加值 385 亿元，比上年增长 11.1%。平台建设亮点纷呈，3 月，福建省水产研究所牵头在厦门建设闽台重要海洋生物资源高值化开发技术公共服务平台；5 月，中国生物材料学会海洋生物材料分会成立。研发成果层出不穷，我国科学家从深海放线菌中提取改造出可抗结核杆菌的活性化合物——怡莱霉素 E，自然资源部第三海洋研究所攻克了提取龙须菜琼胶寡糖的相关技术难关。

6. 海洋电力业

2017 年，海洋可再生能源发展环境逐步改善，多项风电利好政策出台，企业投资海上风电市场预期不断提升，海洋电力业继续保持良好的发展势头，全年实现增加值 138 亿元，比上年增长 8.4%。海上风电新增装机容量近 1 200 兆瓦，海上风电项目加快推进，中广核平潭大练 300 兆瓦海上风电项目和三峡新能源大连市庄河 300 兆瓦海上风电场项目正式开工，江苏鲁能东台海上风电项目 50 台风机全部并网发电，总装机容量 30 万千瓦的华能江苏如东八仙角海上风电项目全面进入商业运营阶段。此外，浙江舟山联合动能新能源开发有限公司研制的 LHD-3.4 兆瓦模块化潮流能发电机组首批 1 兆瓦模块在浙江舟山海域并网发电，使我国成为世界第三个实现兆瓦级潮流能并网发电的国家。

图 1-10　2011—2017 年我国海上风电新增装机容量和累计装机容量①

7. 海水利用业

2017 年，海水利用业稳步增长，应用规模逐渐扩大。海水利用业全年实现增加值 14 亿元，比上年增长 3.6%。各项政策规划、标准规范逐步细化完善，技术创新实现新的突破。《海岛海水淡化工程实施方案》印发实施，提出在辽宁、山东、青岛、浙江、福建和海南等沿海省市，力争通过 3~5 年重点推进 100 个左右海

---

①　来源于中国可再生能源学会风能专业委员会。

岛的海水淡化工程建设及升级改造，初步规划总规模达到 60 万吨/日左右。海岛海水淡化快速推进，平潭大屿岛等海岛引入风光互补新能源海水淡化设备。

8. 海洋交通运输业

全球经济回暖，国际航运市场得到恢复性调整，国内航运市场逐步复苏。2017 年，海洋交通运输业稳中向好，全年实现增加值 6 312 亿元，比上年增长 9.5%。港口生产、航运市场运价主要指标增速较 2016 年有所加快，沿海港口生产保持良好增长态势，货物吞吐量 90.6 亿吨，同比增长 7.1%；集装箱吞吐量 2.11 亿标准箱（TEU），同比增长 7.7%。沿海散货运价震荡上行，运价水平明显好于前两年。上海航运交易所发布的中国沿海（散货）综合运价指数年均值达到 1 148.02 点，同比增长 25.1%。

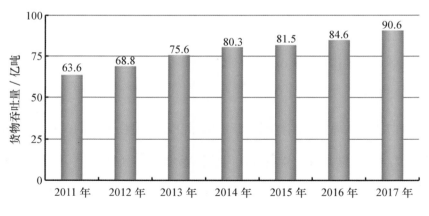

图 1-11　2011—2017 年沿海港口完成货物吞吐量

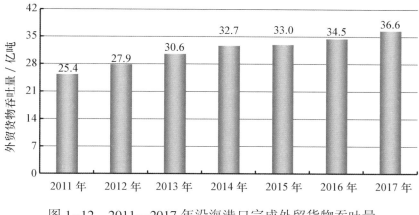

图 1-12 2011—2017 年沿海港口完成外贸货物吞吐量

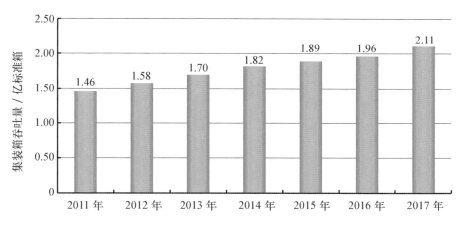

图 1-13 2011—2017 年沿海港口完成集装箱吞吐量

9. 海洋旅游业

2017 年，海洋旅游业持续快速增长，全年实现增加值 14 636 亿元，比上年增长 16.5%，对海洋经济贡献达到 42%。随着海洋旅游市场的日渐成熟和新业态的不断涌现，新的海洋旅游需求逐步释放，邮轮旅游持续火热，海岛旅游、"海洋牧场"旅游等市场潜力凸显，海洋旅游产品多样化程度提高。2017 年接待邮轮 1 181 艘次，增长 17%；邮轮旅游出入境人数达到 495.5 万人次，同比增长 8%；海岛旅游人数达到 7 461.4 万人次，旅游收入 660.8 亿元，分别比上年增长 12.1% 和 17.4%。[①]

图 1-14　2011—2017 年我国主要邮轮港接待邮轮量

第三节　海洋科技创新与人才培养

1. 海洋科技创新转化能力增强

2017 年，"深海关键技术与装备" "海洋环境安全保障" 两

_____

① 邮轮旅游相关数据来源于中国交通运输协会邮轮游艇分会，海岛旅游相关数据来源于海岛县政府工作报告或海岛县国民经济和社会发展统计公报。

个重点专项取得成效，"深海勇士"号 4 500 米载人潜水器顺利通过海试验收，核心部件国产化制造技术取得显著突破；中国地质调查局首次在南海北部神狐海域实现天然气水合物试开采，使我国在此领域迈入国际先进行列。兆瓦级潮流能示范工程稳定并网运行，百千瓦级波浪能装置能量转换效率达到国际先进水平，首台实海况仪器设备供电温差能样机研制成功。同时，由我国科学家主导、以匹配项目建议书机制实施的国际大洋发现计划（IODP）第 367、第 368 航次，在我国南海北部完成了科学钻探，取得圆满成功。

2. 海洋经济相关专业人才培养步伐加快

海洋相关专业设置优化，海洋人才培养规模扩大。2017 年，全国高职院校共开设船舶与海洋工程装备类专业点 131 个，招生 5 200 余人；共开设水上运输类专业点 359 个，招生 2 万余人。全国普通高校共开设海洋科学类本科专业点 77 个，海洋工程类本科专业点 57 个，海洋油气工程本科专业点 9 个，海洋渔业科学与技术本科专业点 10 个，共计招生 8 000 余人。截至 2017 年年底，全国共有海洋相关一级学科博士学位授权点 36 个，硕士学位授权点 40 个。2016—2017 年度，我国海洋相关学科共授予博士学位 740 多人，授予硕士学位 5 500 多人（其中专业学位 2 100 多人）。2017 年，国家留学基金共资助 321 名海洋人才赴海外访学研修，其中访问学者 130 人（含高级研究学者和博士后），博士研究生 163 人，硕士研究生 8 人，本科生 20

人，涵盖海洋资源与环境等多个专业，为发展海洋经济培养了一大批各领域人才。

第四节　海洋资源管理与海洋
　　　　生态文明建设

1. 海洋资源管理切实加强

2017 年，国家进一步加大对海洋资源开发利用与保护的管控力度。一是海岛保护与管理进入新阶段。中共中央办公厅、国务院办公厅印发《关于海域、无居民海岛有偿使用的意见》，明确要求提高用岛生态门槛、完善用岛市场化配置等，对海岛资源保护与管理进行顶层设计。印发《全国海岛保护"十三五"规划》，明确海岛保护工作举措。修订印发无居民海岛开发利用项目审理、评审等 5 个规范性文件。全国共批准项目用岛 9 个。二是加强围填海管控力度。印发《围填海管控办法》，制定出台《建设项目用海面积控制指标（试行）》，明确严控围填海总量，严控项目建设用海填海规模和占用岸线长度，禁止不合理需求用海。三是积极开展省级海岸带综合保护与利用总体规划的试点工作。广东成为我国首个省级海岸带规划试点省，并印发了《广东省海岸带综合保护与利用总体规划》。

2. 海洋生态环境保护全面强化

国家进一步强化海洋生态环境的保护措施，印发《海岸线保护与利用管理办法》，这是我国首个专门针对海岸线而制定的政策法规性文件，分别从管理体制、方式和手段上提出明确要求，确立了以自然岸线保有率目标为核心的倒逼机制，对建设海洋生态文明和促进海洋经济可持续发展将产生积极而深远的影响。4月，《近岸海域污染防治方案》印发实施，提出严格控制各类污染物排放，明确到 2020 年全国近岸海域水质优良比例达到 70% 左右，自然岸线保有率不低于 35%。按照国务院批准同意的《海洋督察方案》，国家海洋督察组先后在辽宁、河北、江苏、福建、广西、海南等 11 个沿海省（区、市）开展了以围填海专项督察为重点的海洋督察。继续推进"蓝色海湾"和"生态岛礁"等重大生态修复工程。另外，印发《南极考察活动环境影响评估管理规定》，对我国公民、法人或其他组织开展南极活动作出了进一步规范。印发《关于进一步加强渤海生态环境保护工作的意见》，暂停下达 2017 年地方围填海计划指标，暂停受理和审批区域用海规划，启动"湾长制"试点，全面完成入海排污口清查。发布海洋行业标准《红树林植被恢复技术指南》和《近岸海域海洋生物多样性评价技术指南》，为红树林生态修复和海洋生物多样性评价工作提供了依据。

3. 海洋防灾减灾工作稳步推进

2017 年，我国全面完成沿海 259 个重点岸段的警戒潮位核定，为涉海工程建设、近海生产作业、沿海经济社会发展规划提供了重要参考；继续在广东、海南开展县级海洋灾害风险评估和区划工作；启动了裂流灾害风险排查和警示相关工作，开展了滨海旅游裂流灾害评估警示工作，填补我国滨海旅游裂流灾害防御空白，在海南省三亚、陵水等重点滨海旅游岸段设立首批裂流警示标志；研发了细化至县级海域的近岸基础预报产品；针对沿海核电、石化企业、重要港口等 200 多个重点目标开展精细化海洋预报，建立了 2017—2019 年精细化预报保障目标库；建立了由电视、广播、网站、微博、微信等媒体组成的多层次、多渠道、全覆盖的宣传网络，第一时间广泛发布预警信息；开展海洋生态灾害调查评估、溢油和危险化学品泄漏应急体系建设，完成了山东北部沿海地区海洋溢油和危险化学品泄漏风险源与敏感资源调查；初步完成海洋减灾综合业务平台建设，在滨州市试点开展了市县级海洋防灾减灾综合管理系统建设。

第五节　海洋经济对外合作

1. 海洋产业对外合作不断拓展

2017 年，海水利用国际合作成效斐然，中国核工业建设集团公司与沙特阿拉伯技术发展公司签署关于高温堆海水淡化合资公司的谅解备忘录，杭州水处理中心与非洲吉布提经济特区建立海水淡化战略合作伙伴关系，海水利用上市公司巴安水务收购美国DHT公司100%股权。自然资源部天津海水淡化与综合利用研究所与马尔代夫、阿曼杜库姆经济特区分别签订了海水淡化装置的工艺管道设计和模拟验证技术服务合同、海水淡化-提溴联产项目可行性研究报告技术服务合同等；集装箱式海水淡化装置在文莱、佛得角成功应用，为当地基础建设提供水源保障；阿曼海水淡化联产提溴项目顺利签约，海洋取排水工程项目正在逐步落实。中俄能源合作重大项目——亚马尔液化天然气项目第一条和第二条生产线投产。中国联合网络通信集团有限公司在巴西启动南大西洋电缆联盟海底光缆项目，并向巴西政府申请在福塔莱萨地区建立电缆连接站。

2. 蓝色经济国际合作积极推进

《"一带一路"建设海上合作设想》发布，提出了推进"一带一路"建设海上合作的思路和蓝图。在"一带一路"倡议推动下，我国海洋领域国际合作进一步深化。2017年9月，举办中国—小岛屿国家海洋部长圆桌会议，会上通过《平潭宣言》，深化与小岛屿国家的"蓝色伙伴关系"。在联合国海洋大会上，与葡萄牙、泰国、联合国教科文组织、保护国际基金会等共同举办主题为"构建蓝色伙伴关系，促进全球海洋治理"的边会，首次提出并积极倡导构建"蓝色伙伴关系"，深化海洋合作；圆满组织开展"中欧蓝色年"系列活动,与葡萄牙签署全球首个"蓝色伙伴关系"协议。与俄罗斯开展高级别对话,提出开展北极航道合作;出席"北极圈大会",主办第 40 届南极条约协商会议。在"21 世纪海上丝绸之路"岛屿经济分论坛上,与加拿大签署了《创建岛屿经济研究智库网络合作备忘录》。开展佛得角海洋经济特区规划项目可行性研究。与泰国、马来西亚、印度尼西亚等东盟国家开展联合调查近 20 次。承办落实《南海各方行为宣言》框架下的多个海洋合作项目,并提出 7 个中国—东盟海上合作基金海洋环境保护项目。积极开展亚洲太平洋经济合作组织(APEC)海洋垃圾防治合作,举办 APEC 沿海城市海洋垃圾管理国际研讨会,举办中国—东盟国家海洋公园生态系统管理国际研讨会与 APEC 海洋空间规划和海洋保护区管理培训研讨班。

第六节　海洋经济宏观管理

1. 宏观调控能力进一步增强

继 2016 年年底《全国海洋经济发展"十三五"规划》印发后,广东、江苏等沿海省份相继出台了地方的海洋经济发展"十三五"规划。2017 年,《关于开展编制省级海岸带综合保护与利用总体规划试点工作指导意见的通知》印发,要求广东省作为第一批试点地区抓紧推进省级海岸带综合保护与利用总体规划实施工作。与此同时,《全国海岛保护工作"十三五"规划》以及

《海洋观测预报和防灾减灾"十三五"规划》印发。国务院有关
涉海部委编制印发了《海洋工程装备制造业持续健康发展行动计
划（2017—2020 年）》以及《关于促进我国邮轮经济发展的若
干意见》，明确了未来一段时间海洋工程装备制造业和邮轮经济
发展的重点领域和有关政策。

2. 产业集聚与创新发展环境进一步优化

"十三五"时期，第二批海洋经济创新发展示范城市遴选工
作启动，秦皇岛市、上海市浦东新区、宁波市、威海市、深圳市、
北海市和海口市 7 个城市获批成为第二批示范城市，并重点围绕
培育和壮大海洋生物、海洋高端装备、海水淡化与综合利用等战
略性新兴产业开展创新示范。全国海洋经济发展试点示范工作逐
步深化，由省级试点拓展到市级和园区级示范区。

3. 海洋经济运行监测评估体系进一步完善

2017 年开始，公开发布季度海洋经济运行情况报告，内容包
括涉海工业企业效益、海洋经济供给侧结构性改革、市场主体活
力、海运贸易、涉海融资规模、海洋资源集约利用与市场化进度
等方面。不断深化部门间的海洋经济数据共享机制。第一次全国
海洋经济调查有序推进，修订印发了《第一次全国海洋经济调查
实施方案》，并对 11 个沿海省（区、市）以及部分市县的调查工
作开展情况进行了督促检查。

第三章　2018年海洋经济工作要点

2018年是贯彻党的十九大精神的开局之年，是推进落实"十三五"规划各项任务承上启下的关键一年。以习近平新时代中国特色社会主义思想为指导，深入贯彻党的十九大及中央经济工作会议精神，紧扣海洋经济发展的主要矛盾和拓展蓝色经济空间的总体目标，创新发展理念，深化供给侧结构性改革，围绕扩大优质增量供给、加快发展动力转变、促进发展效率提升，加强和改善海洋经济宏观调控，扎实做好海洋经济各项工作，推动海洋经济在高质量发展上实现突破。

第一节　加强海洋经济宏观指导

1. 强化规划实施的监测与评估

开展全国海洋经济发展"十三五"规划中期评估，形成规划实施中期评估报告。发挥国家发展规划的战略导向作用，做好省级海洋经济发展规划的实施评估。

2. 推进海洋经济试点示范

深入推进海洋经济发展示范区、海洋经济创新发展示范城市建设，鼓励结合各自基础和比较优势，开展体制机制创新先行探索，为其他地区提供引领示范。确定海洋经济发展示范区名单及主要示范任务。开展首批"十三五"海洋经济创新发展示范城市中期考核。

3. 加强海洋空间管理和用途管制

研究出台关于加强滨海湿地保护、严格管控围填海的政策文件，明确严格新增围填海造地、加快处理围填海历史遗留问题、加强海洋生态保护修复、建立滨海湿地保护和围填海管控长效机制等政策要求。

4. 增强对海洋产业的融资指导

做好《关于改进和加强海洋经济发展金融服务的指导意见》印发后的实施工作。推动地方层面建立海洋经济金融服务工作协商机制，通过系统集成形成政策合力。总结金融促进海洋经济高质量发展的典型案例。

5. 加强海洋经济"走出去"的引导

组织完成援佛得角圣文森特岛海洋经济特区规划项目。引导国内外民间资本参与海洋经济发展和"21世纪海上丝绸之路"建设，深度参与全球海洋治理。

第二节 完善海洋产业的政策 支持与服务

1. 推动海洋科技成果的转化

加快海洋科技成果转化体系建设。持续推进国家科技兴海产业示范基地和国家海洋高技术产业基地建设。推进海水淡化规模化应用和海洋能工程化应用的关键设备和核心技术突破。

2. 推进金融机构和社会资本在海洋产业的融资活动

印发《自然资源部 中国工商银行关于促进海洋经济高质量发展的实施意见》。研究搭建海洋产业投融资公共服务平台，推动各方协同合作，完善机制，加强数据共享，推动各类贷款项目实施。

3. 引导海洋产业与多层次资本市场对接

深化与深圳证券交易所的战略合作，继续推进海洋中小企业投融资路演活动，做好路演活动投融资对接情况跟踪与评估，加快培育海洋中小企业发展壮大。

4. 研究建立深海装备公共共享机制

研究梳理目前中央财政科技计划投入研发的国产大型深潜装备统筹和共享使用面临的问题，借鉴美国等发达国家经验，建立全国统一管理和共享平台，制定统筹共享管理的实施方案，发挥国产大型深潜装备的最大效能。

第三节　改善与提高海洋经济运行监测评估能力

1. 完善业务体系

印发《2018 年海洋经济运行监测与评估方案》，明确责任主体与任务分工。健全海洋统计规章和制度标准。制定《主要海洋产品分类目录》，修订《海洋生产总值核算制度》，进一步提高海洋经济统计数据的质量。进一步完善海洋经济核算体系，做好季度海洋生产总值试算。

2. 实现季度、月度监测评估

实现海洋经济运行情况季度、月度监测评估。进一步丰富评估内容，强化对区域和产业的分析评估，深化对海洋经济发展质量、结构和效益等的分析评估，及时、准确地为各级政府提供有力的数据支撑和决策支持。

3. 加大对社会预期的引导

充分利用各类媒体宣传海洋经济的运行情况，利用中国海洋经济博览会等平台，举办专题发布活动。做好海洋经济重大政策解读、海洋经济运行的信息发布和舆情分析。继续做好《中国海洋经济统计公报》《中国海洋经济发展报告》《中国海洋经济发展指数》及《海洋经济》期刊等的编制发布工作，充分发挥引导社会预期，服务地方、企业以及社会民众的作用。

4. 完成第一次全国海洋经济调查主体工作

完成第一次全国海洋经济调查的涉海单位清查、产业调查和专题调查主体工作，形成涉海单位名录。编制第一次全国海洋经济调查主要数据公报，启动全国和地方海洋经济专题图集、海洋经济地图等的研究开发工作，充分发挥调查成果的作用。

第二篇　沿海省份篇

第一章 辽宁省

第一节 2017 年海洋经济发展
主要成就及举措

2017 年，辽宁省紧紧围绕沿海经济带发展战略，着力拓展蓝色经济空间，多措并举发展海洋经济，保障了海洋经济运行总体平稳。据初步核算，2017 年全省海洋生产总值达到 3 426 亿元，同比增长 2.6%（现价），占全省地区生产总值的 14.3%。海洋产业结构不断优化，海洋三次产业结构趋于合理，海洋第一产业、第二产业、第三产业增加值占海洋生产总值比重分别为 13.1%、32.2% 和 54.6%。

1. 深入推进沿海经济带建设

制订了《辽宁沿海经济带三年攻坚计划（2018—2020年）》，沿海六市和省直有关部门分别编制了本地区、本领域三年攻坚计划，明晰了沿海六市协同发展的方向和路径，明确了重点任务和时间节点。各项任务取得了阶段性成效，自贸区建设迈上新台阶，对口合作取得丰硕成果，辽宁"一带一路"综合试验区和"16+1"国际经贸合作示范区建设积极推进。

2. 充分开展海洋经济研究调研

通过对沿海经济发达省份的分析和研究以及辽宁省各市的调研，结合各市具体申报项目，通过专家研讨论证，确定了六大重点发展领域：高端海洋装备制造业领域、海洋渔业领域、新能源利用领域、海洋生物领域、滨海旅游及海洋文化创意产业领域、沿海港口建设领域。

3. 研究出台促进海洋经济发展的相关政策

研究并出台了《辽宁省海洋与渔业厅培育海洋优势产业指导意见》，出台前分别征求了沿海各市政府及省直各部门的意见和建议，形成了优惠政策的集成，提出将各行业政策及项目集中支持海洋优势产业的建议。全面阐述了辽宁省现有海洋经济现状及未来发展的重点领域，提出了培育辽宁省海洋优势产业的总体思路和六大重点领域，并确定了首批36个重点项目，从政策、资金、科研和人才等方面制定了发展优势产业的政策措施，为涉海企业的发展提供了有效途径。

4. 加快推动港口整合

辽宁省政府与招商局集团签订港口整合相关协议，初步完成了对大连港集团和营口港集团的整合，成立了辽宁港口集团，实现了辽宁港口集团的混合所有制改革和市场化运作。有序推进省内其他港口经营主体整合，逐步实现辽宁沿海港口经营主体一体化。

5. 推进大连东北亚国际航运中心建设

编制完成《大连东北亚国际航运中心建设规划（2016—2025）》，着力打造海空综合运输枢纽、综合物流服务、航运服务三大功能承载区，推进"港口、产业、城市"融合发展。

6. 全面保障海洋经济发展

为进一步助推海洋优势产业落地，全面解决项目单位融资难、政策少等难题，2017年辽宁省海洋与渔业厅先后与中国农业发展银行、辽宁省邮政储蓄银行签订战略框架协议，为辽宁省涉海、涉渔企业提供每年合计300亿元以上的专项金融产品。将海洋优势产业作为辽宁省改造传统海洋产业、淘汰落后产能促进产业转型升级，大力发展新技术、新能源、新材料、新模式及新制度的现代海洋产业的基础，作为振兴海洋经济的重点工作、重点任务稳步推进。目前，各项工作正在逐步开展，绥中二河口生态休闲渔业项目稳步推进，辽宁省远洋经济发展协会搭建的混合所有制企业平台（辽宁农海海洋渔业发展有限公司）在深圳证券交易所企业投资路演中，排名第二位。

第二节　2018年海洋经济工作重点

1. 抓好三年攻坚计划重点任务

加快自贸试验区建设，全面扩大对外开放，深度融入"一带一路"建设，全面实施海洋生态环境监测，加快"蓝色海湾"整治行动，切实打好渤海综合治理攻坚战。加大招商引资力度，充分发挥项目带动作用，为项目提供"店小二"式服务，不断增强沿海经济带发展后劲。

2. 继续培育海洋优势产业

确定辽宁省培育海洋优势产业第二批项目，发布辽宁省培育海洋优势产业规划。依托辽宁省沿海经济带开发开放战略，科学地规划、整合传统渔港向休闲渔港、观光码头、特色滨海小镇方向转型，促进传统渔业、渔村的转型升级和渔民转产转业；整合沿海旅游资源，将地区特色和风俗文化融入滨海旅游业；积极申报涵盖都市休闲、湿地生态保护及海岛旅游度假等方面的滨海特色小镇项目；拓展海洋教育和文化创意产业，建设海洋文化主题公园，发挥水族馆、水生野生动物救治中心等企业及单位在海洋环境保护、海洋知识科普宣传、水生野生动物保护等方面的作用。

3. 发展海洋经济新动能

充分发挥海洋资源优势、广阔空间和动能潜力，全力推动辽宁省海洋经济新旧动能转换。进一步增强海洋港口的创新能力、海洋现代产业的集聚能力、海洋发展载体的示范能力、海洋生态的可持续能力，加快建设海洋经济强省。

4. 加强金融助力海洋经济发展作用

一是开展海洋经济资源流转的调研活动，依托现有的协会平台成立辽宁省海洋经济资源流转中心和辽宁省渔船流转中心。二是加快研究制定针对海洋优势产业项目的专项贷款方案。三是落实辽宁省远洋经济发展协会与国家开发投资集团有限公司"一带一路"基金以及深圳市前海天择基金的前期对接工作要求，争取建立辽宁省海洋渔业发展基金。四是加紧筹备辽宁省侨企海洋渔业投资基金。

5. 推动港口整合和大连东北亚国际航运中心建设

大力推进沿海六市港口资源整合，打造高效的港口服务体系，促进港口服务功能升级，实现辽宁港口集团所辖港口的业务重组和架构优化调整，全面提升港口协作能力，打造国内一流港口群。推进港口装备智能化，发展大连港、营口港与互联网、物联网、智能控制等新一代信息技术深度融合，实现操作远程化、自动化、无人化。大力发展大连港金融保险、航运物流、跨境电商等航运服务业，打造世界一流航运品牌。

6. 加大政策资金支持力度

研究出台《辽宁省沿海经济带建设补助资金管理办法》，用好中央预算内投资、中央财政性专项补助资金以及各类投资基金，充分发挥资金引导作用。研究出台"三权分置"的相关政策，促进沿海落后经营模式的转型升级。引进先进管理团队整合海洋经济资源，引进金融资本保障经济发展，实现辽宁沿海经济带的高质量发展。

第二章 河北省

第一节 2017 年海洋经济发展
主要成就及举措

  2017 年，面对外部发展环境错综复杂、各种困难矛盾层层叠加的严峻考验，河北省委、省政府主动适应经济发展新常态，抢抓"一带一路"、京津冀协同发展等战略机遇，严格落实海洋功能区划，根据资源禀赋、生态容量和发展潜力，统筹推进秦皇岛、唐山和沧州三市发展，"一带三区两极多园"的海洋经济发展新格局初步形成，对全省海洋经济发展的引领示范和带动作用不断增强。据初步核算，2017 年全省海洋生产总值达到 2 172 亿元，同比增长 9.0%（现价），占全省地区生产总值比重达到 6.0%，海洋三次产业结构比重为 4.1∶28.8∶67.1，海洋第三产业比重大幅提升。

1. 组织实施《河北省海洋经济发展"十三五"规划》

认真落实《全国海洋经济发展"十三五"规划》要求，组织实施《河北省海洋经济发展"十三五"规划》。一是根据资源禀赋、生态容量和发展潜力，统筹近远海区域布局，着力拓展蓝色经济空间，构建"一带三区两极多园"的海洋经济发展新格局。二是根据河北省委、省政府要求，配合河北省发展改革委赴天津、山东、深圳进行了海洋经济调研，并研究起草了《关于加快海洋经济发展的实施意见》（征求意见稿）。

2. 积极组织申报国家级海洋经济发展示范区

根据《关于促进海洋经济发展示范区建设发展的指导意见》和《关于开展海洋经济发展示范区建设有关工作的通知》要求，组织开展了筛选、申报工作，最终选定沧州临港经济技术开发区、唐山南堡经济开发区和秦皇岛北戴河新区3家，并向国家递交了申报材料。秦皇岛市被批准为国家"十三五"期间第二批海洋经济创新发展示范城市。

3. 全面启动第一次全国海洋经济调查

经河北省政府同意，印发实施了《河北省第一次全国海洋经济调查实施方案》，成立了以省政府常务副省长为组长的领导小组，召开了全省海洋经济调查动员部署视频会。为保证按时完成工作任务，倒排工期，河北省海洋局于 2017 年 12 月对沿海市县进行了督导检查，建立每周报告制度。全省涉海单位清查工作基本完成。

4. 规范海洋经济统计

积极协调省直涉海部门、沿海三市海洋局及时提供相关数据。完善海洋经济数据收集机制，更新海洋经济信息资源数据库。按照《海洋统计报表制度》要求，汇总上报 2017 年月度报表（2 张）12 次，季度报表（6 张）4 次，2016 年年度报表（19 张）1 次；按照《海洋生产总值核算制度》要求，汇总上报 2017 年季度报表（2 张）4 次，2016 年年度统计报表（3 张）1 次；修订了《河北省涉海企业统计调查制度》。

5. 开展市级海洋生产总值核算体系研究

组织协调河北省市级海洋生产总值核算课题组收集国家和其他沿海省份海洋生产总值核算方法，确定增加值核算方法和各产业剥离系数，综合比对数据来源的稳定性和准确性，进一步完善河北省海洋生产总值核算技术流程和方法，开展市级海洋生产总值核算体系研究。

6. 合理统筹海洋开发与保护

一是认真落实海洋生态文明建设有关要求，发挥区划规划引领管控作用，坚守海洋生态红线，实施差别化海域供给政策，严格控制围填海规模，积极服务重大建设项目、民生项目和战略新兴产业用海项目，引导重大建设项目向国家已批准的曹妃甸、渤海新区等4个区域用海规划范围内的已填海成陆区域聚集。二是全面贯彻落实中央全面深化改革委员会审议通过的《海岸线保护与利用管理办法》《围填海管控办法》《关于海域、无居民海岛有偿使用的意见》。研究起草了《关于〈海岸线保护与利用管理办法〉的实施意见》（送审稿），并经省长专题会审议通过。三是落实《关于进一步加强渤海生态环境保护工作的意见》，全面暂停受理、审核围填海项目，进一步维护海洋生态安全，缓解环境生态压力。

第二节　2018年海洋经济工作重点

1. 构建具有河北特色的海洋产业体系

围绕提升海洋经济发展质量和效益，改造提升传统优势海洋产业、培育壮大海洋新兴产业、积极发展特色海洋服务业，调整优化海洋产业结构，打造竞争新优势。根据技术进步、产业关联、产业贡献等特点，重点支持海洋生物医药、海洋高端装备制造、海水淡化等产业链式发展，稳定壮大海洋运输、远洋捕捞、滨海旅游业等产业，推进产业体系转型升级。同时，增加资金投入进行科技攻关，提高海洋产业科技含量。

2. 完善海洋经济发展支持政策

加大产业政策支持力度，对海洋产业重大项目优先立项，并争取国家在重大产业项目规划布局上给予倾斜。推动设立海洋产业发展专项资金，对重大基础设施和重点项目给予财政补助。对列入国家重点扶持和鼓励发展的涉海产业项目，给予企业所得税减免、研发费用税前抵扣等优惠政策。重点支持有利于海洋产业发展的基础性、公益性项目建设，对处于成长期的海洋高科技产品，实施政府优先采购制度。积极引导国内外各类金融资本和民间资本投资河北海洋优势产业和战略性新兴产业，构建多元化投融资体系。

3. 积极推进海洋产业科技创新

采取外部引进、联建共建、整合提升等形式，联合省内外高水平科研机构，在河北省建设一批重点实验室和工程中心，提升河北海洋科技创新能力。整合省内科研院所涉海科技力量，增强海洋科技引进、消化、综合再创新能力。围绕河北省海洋产业发展的重大问题和关键技术，组织开展技术攻关，力争尽快形成一批具有自主知识产权的科技成果。加快科技成果转化基地建设，促进海洋科技成果转化应用。

4. 加强海洋生态环境保护

积极推进围填海计划指标管理，全面禁止新增围填海，加强陆域污染源治理，健全海洋污染防治机制，推进海洋生态修复。完善海洋防灾减灾基础设施，提高海岸侵蚀、海水入侵、地面沉降、赤潮和风暴潮等海洋灾害防治水平。建立健全海洋环境监测预报体系，严格执行建设项目环境影响评价制度，提高应急事件快速反应和处理能力。

第三章　天津市

第一节　2017 年海洋经济发展
主要成就及举措

2017 年，在有关部委的大力支持下，天津市委、市政府主动适应经济发展新常态，牢固树立五大发展理念，坚持陆海统筹，积极推进海洋经济科学发展示范区建设，加快海洋产业结构调整，促进海洋产业转型升级和提质增效，实现海洋经济稳中有进发展。据初步核算，2017 年全市海洋生产总值达到 4 263 亿元，同比增长 5.4%（现价），占全市地区生产总值比重达到 22.9%，海洋三次产业结构比重为 0.3：41.8：57.9，海洋经济依然是全市经济发展的重要支柱。

1. 加快天津海洋经济发展示范区建设

按照经国务院批准的《关于印发天津海洋经济科学发展示范区规划的通知》的相关要求，加快推进天津海洋经济科学发展示范区建设。一是充分发挥天津海洋经济科学发展示范区建设领导小组办公室职能，编制印发《天津市海洋经济科学发展示范区建设 2017 年工作要点》。二是筛选塘沽海洋科技园、临港经济区北部片区申报国家海洋经济发展示范区，天津市海洋局会同天津市发展和改革委员会组织编制申报方案，经市政府批准后报送国家发展和改革委员会、自然资源部。三是组织对天津市"十二五"时期启动的 42 个海洋创新发展区域示范项目开展自验收，并向财政部和自然资源部上报了总考核申请。四是天津市海洋局、财政局积极履行"十三五"海洋经济创新发展示范城市监督指导职责，指导滨海新区政府编制项目管理办法、开展项目立项评审、补助资金测算等相关工作，向项目单位解读国家相关管理要求和政策导向，完成 24 个项目立项工作，累计发放财政补助资金 1.7 亿元。五是加快开展海洋金融创新，支持企业通过融资租赁加快装备改造升级工作，积极申请天津市融资租赁资金支持海洋领域项目。

2. 统筹全市建设海洋强市

2017 年 1 月，天津市人民政府办公厅印发实施《天津市建设海洋强市行动计划（2016—2020 年)》（以下简称《行动计划》）。

同时，为切实做好《行动计划》实施工作，确保《行动计划》主要目标和重点任务落实到位，达到建设海洋强市工作督办、监督和考核的要求，制定了《天津市建设海洋强市行动计划（2016—2020年）主要目标和任务分工方案》。为强化《行动计划》的职责分工，出台《关于进一步明确〈天津市建设海洋强市行动计划（2016—2020年）〉职责分工的意见》，加快各项任务的推动和落实。

3. 组织开展全国海洋经济调查

按照国家统一部署，天津市有关第一次全国海洋经济调查的各项工作稳步推进，取得了阶段性成果。一是组织编制天津市海洋经济调查实施方案和相关配套方案及制度，经全市海洋经济调查领导小组扩大会议审议通过，以市政府办公厅名义印发实施。二是召开全市调查工作部署会，全面启动调查工作。三是成立工作组织体系。全市17个领导小组成员单位确定了调查责任部门和负责人，16个区分别成立了区级调查领导小组和办公室，确定了联络员，建立起较为完备的调查工作组织体系。四是组织完成全市"两员"选聘和500名调查指导员的培训工作，指导16个区完成约3 000名调查员的业务培训。组织完成了专题调查业务培训和产业调查业务及系统应用培训。五是完成清查底册核实。确定了海洋专题调查任务承担单位，完成围填海单位名录和防灾减灾单位名录信息核实。六是组织完成调查办公设备、调查服装、信息平台监理、调查平台建设和产业调查等相关政府采购。结合

"6·8海洋日"开展调查现场宣传活动。七是组织开展了6个区的清查质控。顺利通过北海海区的跟踪检查和事中检查，获得良好评价。八是完成15个区的清查工作，向第一次全国海洋经济调查领导小组办公室上报了区级清查报告和清查数据。九是启动产业调查和专题调查，完成海洋相关产业底册抽样，组织开展直接标识认定底册单位和海洋相关产业抽样底册单位的入户调查。

4. 不断提高海洋经济统计能力

着力提高海洋经济统计能力和水平。组织全市涉海直报单位完成2016年年报和2017年月报、季报、半年报等统计，组织完成海水利用、服务业非企业单位和滨海新区统计等报表报送。组建包括36家涉海直报企业的监测网络，完成每月的联网直报。

5. 扎实推进科技兴海工作

深化海洋科技创新驱动，努力提升海洋科技创新支撑引领能力。一是推动实施《天津市科技兴海行动计划（2016—2020年）》，加快推进"天津临港海洋高端装备产业示范基地""国家海洋高技术产业基地"等国家级科技兴海产业基地建设。二是加快科技兴海项目管理。严格规范履行项目验收程序，组织完成46个科技兴海项目的结题验收。组织编制完成《天津市科技兴海项目后评估管理办法》。三是加大海洋科技成果转化力度。共收集转化成果113项，推进"海燕"水下滑翔机等一大批高水平海洋科技成果转化和产业化，探索海洋科技成果转化的新机制和新模式。

6. 积极参与"一带一路""京津冀协同发展"国家建设

一是融入"一带一路"建设。全面贯彻落实《天津市人民政府关于印发天津市参与丝绸之路经济带和21世纪海上丝绸之路建设实施方案及目标任务分工的通知》精神，成立天津市海洋局融入"一带一路"建设工作领导小组，召开融入"一带一路"建设工作领导小组部署会，制定《天津市海洋局融入"一带一路"建设工作方案》。二是助推京津冀协同发展。推动落实《天津市深入推进京津冀协同发展2017年工作要点》和《坚持问题导向深入推进京津冀协同发展重大国家战略实施方案》，将各项任务落到实处。

7. 成功举办中国(天津)国际海工装备和港口机械交易博览会

自2015年，连续三年成功举办中国（天津）国际海工装备和港口机械交易博览会（以下简称"海博会"），在海工行业中形成良好的口碑和品牌影响力。2017年海博会于10月19—21日在梅江会展中心举行，展会参展企业约300家，展示面积约3万平方米，参观观众约3万人，论坛有600名行业代表与会。有关活动共吸引了70余家媒体宣传报道，促进了天津市海洋工程装备制造业对外合作交流，有效提升了海洋工程装备制造业的国际影响力和竞争力。

第二节 2018 年海洋经济工作重点

1. 促进海洋经济结构调整，提高海洋经济质量和效益

一是培育壮大海洋战略性新兴产业。指导滨海新区搞好"十三五"海洋经济创新发展示范城市建设，助推海洋工程装备和海水利用产业发展。推动后续项目尽快启动，加强对项目的过程管理，不定期实地调研项目情况，了解项目建设中存在的问题，及时做好服务，确保实施项目达到预期目标。二是大力发展海洋高端服务业。开展与国家开发银行和中国农业发展银行的合作，搞好开发性金融和农业政策性金融促进海洋经济发展工作。天津市工业和信息化委员会、市海洋局等部门，积极争取融资租赁加快装备改造升级专项资金，加大对海洋企业的支持力度。

2. 增强海洋科技创新驱动能力，支撑引领海洋经济发展

深入实施创新驱动发展战略，推动海洋经济提质增效。一是全面完成"十二五"科技兴海专项收尾工作，积极推进海洋公益性项目研发，努力促进科研成果转化应用。二是贯彻落实《天津市科技兴海行动计划（2016—2020 年）》，组织完成中期实施情况评估。三是协调推动临港国家科技兴海产业示范基地和海水淡化及综合利用基地建设。

3. 做好第一次全国海洋经济调查工作，摸清海洋经济家底

一是做好清查数据质控工作。对各区开展涉海清查市级质量抽查，实地听取汇报，核查清查表，开展回访复核。在开展涉海清查基础上，汇总全市清查数据，并进行评估分析。二是组织开展海洋产业调查。组织统计咨询服务中心实施海洋产业调查，加强过程监督指导，确保调查进度按计划进行，开展事中、事后质量抽查，保障数据真实可靠。三是组织开展专题调查。协调第一次全国海洋经济调查领导小组办公室反馈专题调查名录，组织专题任务承担单位每周报送工作进度，按照方案落实各项任务。四是组织开展调查平台建设。建立天津市海洋经济调查数据库，搭建调查数据管理和成果展示系统，构建规范的海洋经济基础信息平台。

4. 组织实施好涉海重大发展战略

积极承接好国家和天津市发展战略中的涉海相关工作，围绕"一带一路"建设、京津冀协同发展、军民融合、"走出去"等众多发展战略中的涉海大项目、大工程，深入做好协调服务，深化海洋领域供给侧结构性改革，促进实体经济加快发展。深入开展"双万双服促发展"活动，加强对涉海企业的调研，针对企业存在的问题，依托政企互通服务平台，完善问题协调处理机制，积极服务企业发展。

第四章　山东省

第一节　2017 年海洋经济发展
主要成就及举措

2017 年，山东省深入贯彻落实党的十九大精神和习近平总书记关于海洋强国战略的重要论述，坚持新发展理念，坚持陆海统筹，坚持高质量发展，以深化供给侧结构性改革为主线，以改革、创新、开放为动力，加快推进海洋传统产业转型升级，着力推动海洋新兴产业加速崛起，海洋经济实现平稳快速发展。据初步核算，2017 年全省海洋生产总值达到 14 776 亿元，同比增长 11.3%（现价），占全省地区生产总值的 20.3%，海洋三次产业结构比重调整为 4.9：44.7：50.4。

1. 着力提升海洋综合协调能力

充实调整山东省海洋经济联席会议职责和成员单位，将第一次全国海洋经济调查工作纳入山东省海洋经济工作联席会议职责。成立山东省海洋发展战略规划领导小组，省委、省政府主要领导担任组长。威海市获批成为国家第二批海洋经济创新发展示范城市。推荐日照、威海两市创建国家海洋经济发展示范区。加大财政支持力度，共争取落实省级以上财政资金 39.92 亿元。积极引导金融资本投入，下发了《关于加强全省海洋与渔业系统与农商银行系统全面业务合作的通知》，重点对财政扶持项目和新型经营主体开展信贷服务。

2. 着力优化海洋空间配置

2017 年 8 月 25 日，山东省政府印发了《山东省海洋主体功能区规划》，科学划定四类开发区域，促进了海洋空间优化调整。组织开展了全省海岸线调查统计工作，进一步完善了《山东省海岸线保护规划》，严守自然岸线保有率的底线，严格确定山东海岸线保护等级和分布，初步规划了自然岸线保护新格局。强化渤海围填海管控，实行最严格的围填海计划指标约束，全部暂停了渤海海域内围填海项目用海申请受理、渤海海域内年度计划指标安排和已受理项目的用海审核。同时，暂停了黄海海域内年度围填海计划指标安排。以莱州湾特定区域开放式养殖用海市场化出让作为全省海域资源出让改革的突破口，编制了出让工作实施方案，开展了海域使用论证、海洋环境影响评价、海域价值评估等工作。

3. 着力推进海洋特色园区发展

坚持把培育特色园区作为发展的切入点和突破口，鼓励产业基础较好、发展优势突出的园区，不断提高产业承载集聚能力，以"四区三园"为代表的海洋特色产业园区快速崛起，成为区域经济发展的新高地。青岛西海岸新区目前拥有 3 万多家企业，世界 500 强企业投资项目 80 多个，集聚打造了港口航运、船舶海工等六大千亿级产业集群，2017 年完成地区生产总值 3 212.7 亿元。青岛中德生态园着力建设生态型、智能型、开放型中德两国利益共同体，已有 57 个国家和地区投资 100 多亿美元，引进了 67 个世界 500 强项目，形成了港口、石化、造修船、海洋工程等六大产业集群。烟台东部新区重点培育海洋装备制造业，发展壮大中集来福士海洋工程有限公司、杰瑞集团等龙头企业，规模达 835 亿元，已成为全国重要的海工装备建造基地。潍坊滨海新区大力发展以船用发动机、船舶生产、水下机器人等为主的海洋动力和海工装备制造产业，以华创工业机器人制造有限公司、海纳海洋科技有限公司等企业为龙头的海洋动力产业规模达到 500 亿元。潍坊滨海产业园集聚潍柴重机股份有限公司等规模以上企业 39 家，在建过亿元项目 63 个，达成国际合作意向项目 173 个。威海南海新区着力配置以先进装备制造业、新材料产业、电子信息产业等为主的蓝色产业体系，引进过亿元产业项目 100 多个，总投资 600 多亿元。日照太阳文化旅游度假区深入挖掘太阳文化发源地、世界太阳文化论坛资源优势，培育发展海洋文化旅游经济，打造东方太阳文化圣地。区内东方太阳城项目概算投资 200 亿元，2017 年已完成投资 16.3 亿元。18 家省级海洋特色产业园，集聚海洋企业 5 200 多家，占园区企业总数的 67.5%，园区内工程技术研究中心、企业技术中心等省级以上科技平台超过 200 个，在海洋装备、海洋生物制药等领域发挥了良好的集聚引领效应。2017 年，"四区三园"实现地区生产总值 4 785.8 亿元、海洋生产总值 1 746.7 亿元，以占全省 2.2% 的陆域面积贡献了全省 6.6% 的地区生产总值和 11.8% 的海洋生产总值。

4. 着力实施科教兴海战略

积极鼓励符合条件的企业建立实验室、工程技术中心、企业技术中心，与高等院校、科研院所建立多种模式的产学研合作创新组织。至 2017 年年底，共建设海洋领域产业技术创新联盟 21 家，国家级海洋高技术产业基地 3 家，省级以上工程（技术）中心、协同创新中心、企业技术中心和重点实验室 768 个。其中，海洋生物、海洋化工、新材料、海洋装备制造等领域的国家级工程（技术）研究中心 23 家，占全省的 68%。根据蓝色产业计划实施细则等文件规定，分三批确定扶持了 43 个领军人才团队项目，引进核心成员 152 名，突破关键技术 120 项。其中 3 项技术为世界首创，16 项技术达到国际领先水平，48 项达到国内领先水平。2012 年 8 月，国家在青岛批复设立中国海洋人才市场（山东）。目前，东营、烟台、潍坊、威海、日照和滨州 6 市已分别建立分会场，加快了海洋高端人才的集聚。

5. 着力推动港口资源整合

为破解山东港口众多但布局分散、形不成合力的难题，山东省委、省政府下大力气推进港口整合工作，组建山东渤海湾港口集团，整合滨州港、东营港和潍坊港，港口整合战略布局正式启动，顺利实现了管理体制机制的新突破。

6. 着力加强海洋生态牧场建设

坚持全生态链、全产业链、全价值链打造，强力推进生态安全、智慧透明的现代化海洋牧场建设，累计投入财政扶持资金 12.4 亿元，扶持建设省级以上海洋牧场 55 处。制定《山东省海洋牧场建设规划（2017—2020 年）》和全省海洋牧场建设规范、省级牧场评定标准，布局建设海洋牧场观测网，建立山东省海洋牧场观测预警预报数据中心，探索推进海洋牧场平台建设，推动海洋牧场迅速崛起发展。目前，全省已有 16 座海洋牧场平台投入使用，在建或准备建设的有 30 座，数量在全国保持领先。

7. 着力保护海洋生态环境

继续深入开展"海洋生态文明建设专家行"活动，组织了烟台长岛专家行和青岛专家行。山东省委、省政府制定出台《关于推进长岛生态保护和持续发展的若干意见》，推动长岛积极探索海域海岛绿色可持续发展的新途径、新模式。积极推进将海洋污染责任事故、海水水质状况、违法违规围填海情况和海洋生态红线制度落实情况等四项指标，作为绿色发展指标组中的逆向扣分指标，纳入全省经济社会发展综合考核体系。对管辖海域的海洋环境加强监测，初步建成了省、市、县三级监测业务体系，全省海洋环境监测机构达到41处，布设各类监测站位近1 000个。每年在重点功能区、典型生态系统区以及入海排污口、海水浴场和海水增养殖区等近岸海域开展监测，年均获取监测数据30余万组。建成了省、市、县（区）三级联动的海洋预报减灾体系，7个沿海市和5个试点县全部落实了编制和人员，并开展了相关业务工作。制作了海洋预报视频产品，自7月1日起在海洋牧场现场、中心网站、官方微信等渠道试播。在寿光承办了2017年全国海洋防灾减灾宣传主场活动，营造了全社会共同关心、共同参与海洋防灾减灾的良好舆论氛围。

第二节　　2018 年海洋经济工作重点

认真落实习近平总书记"加快建设世界一流的海洋港口、完善的现代海洋产业体系、绿色可持续的海洋生态环境"的重要指示，将海洋作为高质量发展的战略要地，开展现代化海洋牧场综合试点工作，为海洋强国建设做出"山东贡献"。

1. 深入实施《山东海洋强省建设行动方案》

按照全省海洋强省建设工作会议部署要求，集聚优势资源，创新政策举措，深入实施海洋强省建设"十大行动"，即：海洋科技创新行动、海洋生态环境保护行动、世界一流港口建设行动、海洋新兴产业壮大行动、海洋传统产业升级行动、智慧海洋突破行动、军民深度融合行动、海洋文化振兴行动、海洋开放合作行动、海洋治理能力提升行动。同时，将海洋强省建设工作任务进一步分解细化，制定时间表、路线图，推动重大政策和项目落地落实，努力把"海洋开发"这篇大文章做深做大，确保在海洋经济发展上继续走在前列。

2. 加强海洋事务综合协调

成立现代海洋工作专班，加强现代海洋产业"六个一"推进体系建设，即：一名省级领导牵头、一个专班推进、一个规划引领、一个智库支持、一个联盟（协会）助力、一支（或以上）基金保障。认真筹备山东首届儒商大会现代海洋产业平行论坛，做好海洋强省建设宣传和项目推介等工作。坚持"海洋+"工作思路，加强对海洋基础调查、海洋空间管控、海洋军民融合等涉海事务的统筹协调，做好海洋"兜底"事项的"托底"服务。

3. 推动海洋经济高质量发展

依托青岛海洋科学与技术试点国家实验室，召开海洋高质量发展国际研讨会，以世界眼光、国际标准促进山东海洋强省建设。做好海洋产业发展协调，支持配合海洋港口整合工作，提出传统海洋产业转型升级的政策建议。做大做强海洋新兴产业，支持智能化深远海牧场装备的研发建造，加快海洋生物医药产业发展。深入开展海水淡化及综合利用研究，推动实施"胶东海上调水"工程。积极推进海洋牧场与海上风电融合发展试验。高水平建设"海上粮仓"，大力培育依托海洋牧场的游钓型游艇产业，做强"渔夫垂钓"等休闲渔业旅游品牌，培育一批海洋生态牧场综合体，打造一批现代渔港经济区，加快发展渔业"新六产"。召开全国海洋牧场建设工作现场会，全面推进海洋牧场健康发展，促进海洋渔业转型升级。打造一批水产品精深加工和冷链物流基地，支持胶东刺参质量保障联盟做大做强。加快推进世界银行中国（烟台）食品安全示范项目。

4. 强化海洋综合管控

建立健全跨省海洋灾害联防联治和安全管理执法协作机制，落实监管责任和措施，坚决遏制渔业安全事故发生，维护渔民群众利益和社会稳定。做好第一次全国海洋经济调查和成果集成，根据海洋经济调查数据强化海洋经济调查数据应用分析，开展海洋生产总值市级核算，积极推进企业直报试点工作，增强对海洋经济新、热、特等问题的监测能力和应对能力。修订《山东省海洋环境保护条例》等法规，加快出台《山东省水生生物资源养护管理条例》《山东省水产品质量安全管理办法》。

5. 全力打造沿海开放新高地

加快建设东亚海洋合作平台，完成永久性会址和标志性建筑建设并投入使用，启动平台合作交流中心和会展场馆建设。成立平台理事会，召开东亚海洋合作平台青岛论坛。支持建立综合性的海外渔业基地，稳步推进荣成沙窝岛及乌拉圭、加纳、斐济等国内外远洋渔业基地建设。开展远洋渔业合作项目评估和远洋渔场资源研究。与海南省共建现代海洋牧场合作区。

6. 抓好海洋政策落实与创新

主动对接国家有关部委，进一步争取新的海洋发展支持政策。用改革的精神破解难题，在现代海洋牧场、海水综合利用、海洋新能源等领域先行先试，创造出可复制、可借鉴、可推广的发展模式。加快出台《山东省海岸带综合保护与利用总体规划》。推进涉海权力事项"放管服"改革。建立健全海域和无居民海岛开发利用市场化配置及流转管理制度，推进使用权招拍挂。支持开展海域、无居民海岛使用权和在建船舶、远洋船舶等抵押贷款业务。

7. 抓好海洋生态文明建设

统筹实施海洋生态环境保护重大工程，建立全省海洋生态修复工程项目库，全面完成 224 个生态红线区分类管控。加快出台海岸线保护规划，健全自然岸线保有率管控制度。建立健全近岸海域水质目标考核制度和入海污染物总量控制制度，全面推行"湾长制"，开展胶州湾等重点海域入海污染物总量控制试点。实施近岸海域养殖污染治理工程，编制完成省、市、县三级养殖水域滩涂规划，2018 年年底前清理沿海城市核心区海岸线向海 1 千米内筏式养殖设施。加快长岛海洋生态文明综合试验区建设，推动落实《长岛海洋生态文明综合试验区建设实施规划》，支持长岛在改革创新、生态保育、基础设施建设、产业升级、城乡统筹等方面取得新成效。

第五章　江苏省

第一节　2017 年海洋经济发展
主要成就及举措

2017 年，江苏省坚持"陆海统筹、江海联动、集约开发、生态优先"的原则，从推动传统海洋产业升级、大力发展战略性新兴产业等方面着手，深入推进供给侧结构性改革，海洋经济创新转型不断深化。江苏省海洋经济总量稳步提升，海洋强省建设取得显著成效。据初步核算，2017 年全省海洋生产总值达到 7 217 亿元，同比增长 9.2%（现价），占全省地区生产总值的 8.4%。海洋产业结构不断优化，海洋三次产业结构比重调整为 6.4∶48.9∶44.7。

1. 增强海洋经济宏观调控能力

编制了《江苏省"十三五"海洋经济发展规划》，在空间布局上创新性地提出了提升"一带"、培育"两轴"、做强"三核"的新思路。印发了《江苏省"十三五"海洋事业发展规划》，着力提升海洋开发、控制和综合管理能力，统筹海洋事业全面发展。颁布实施《江苏省海洋主体功能区规划》，提出"促进沿海地区人口、经济、资源环境的空间均衡和协调发展，逐步形成海洋与陆地相协调、沿海地区经济社会发展与海洋资源、海洋生态环境相协调的海洋空间开发格局"。

2. 推动《江苏省海洋经济促进条例》立法工作

经江苏省委批准，省十二届人大常委会将《江苏省海洋经济促进条例》（以下简称《条例》）列入了五年立法规划，并列为2017年的立法调研项目，省十三届人大常委会将其列为2018年的正式立法项目。根据江苏省人大常委会和省政府的立法工作安排，稳步推进起草工作，现已形成《条例（草案）》（送审稿），并上报省政府。《条例》的制定将形成政策合力和有效政策供给，从法律制度层面有效规范和解决制约海洋经济长远发展的一些矛盾和问题，为海洋经济长期健康发展提供法律保障。

3. 创新开展海洋经济监测评估

发布2017年度《江苏省海洋经济统计公报》，编制了《2017年江苏省海洋经济发展报告》，为海洋强国建设和海洋经济可持续发展提供决策参考。尝试开展涉海企业直报节点布设，选取全省 200 家用海企业、海洋经济创新发展示范城市 40 家企业、60 家重点涉海企业，共计 300 家企业纳入月报直报范围。编制《江苏海洋经济发展指数研究报告》，在海洋发展指数研究的基础上，在省级层面首次开展江苏海洋经济发展指数研究，形成 6 个方面、15 个指标的量化评价和模型研究成果。开展江苏省海工装备产业景气指数评价技术研究，从定性和定量两个角度进行分析，建立了一套完整的海工装备产业景气评价指标体系。

4. 组织开展江苏省第一次全国海洋经济调查

成立了以分管副省长为组长的海洋经济调查领导小组，共聘请调查员、指导员 6 400 余名，印发了《江苏省第一次全国海洋经济调查实施方案》，召开了全省海洋经济调查动员部署会议，邀请前中国国家女子排球队队长惠若琪拍摄了宣传片，创作了调查歌曲"海洋梦·中国梦"，开展了形式多样的调查宣传活动。2017 年完成了全省涉海单位清查，海洋产业及专题调查工作进度过半，全省海洋经济家底初步摸清。

5. 加强金融对海洋经济发展的支持力度

在国家关于金融支持海洋经济发展的政策引导下，江苏省对开发性、政策性金融支持海洋经济发展高度重视，逐步引导各类金融机构关注海洋经济发展。2017 年，江苏省农业发展银行在海洋领域投放 0.52 亿元贷款，主要投放产业为海洋生物医药业；国家开发银行江苏分行在海洋领域共投放 55.29 亿元贷款，主要投放产业为海上风电业、海洋船舶业和海洋交通运输业。

6. 大力推进海洋科技创新

一是加强海洋重点领域科技创新，组织涉海高校院所、龙头企业组建了 10 个科技协同创新团队，围绕海涂围垦、海洋环境保护、观测探测以及海洋装备、海洋生物等产业领域开展公益性实用技术和产业关键技术创新。二是强化"海洋装备"和"海洋生物"两大产业技术合作联盟支撑作用，支持两个联盟开展海洋装备、滩涂贝类、耐盐植物等产业关键技术的攻关集成和成果转化。三是力推海洋经济创新发展区域示范工作，南通市积极推进海洋经济创新发展示范城市建设，设立陆海统筹发展基金，首期资金 20 亿元。大丰科技兴海产业示范基地建设初具规模。四是大批海洋高技术产品涌现，由中船重工第七〇二研究所牵头研制的"蛟龙"号载人潜水器获得国家科学技术进步奖一等奖。由上海振华启东造船厂建造的 6 600 千瓦绞刀功率的重型自航绞吸挖泥船"天鲲号"在启东下水。

7. 加大海洋资源环境管控力度

出台了贯彻落实中央全面深化改革委员会审定的《围填海管控办法》的意见，实施最严格的围填海管控制度，暂停受理、审批一般围填海项目，国家重大建设项目、公共基础设施、公益事业和国防建设用海项目需实施围填海的，逐级上报至自然资源部取得围填海计划指标后方可受理、审批。严格执行海洋工程建设项目环境影响评价核准程序和规范，不予核准的项目比例达24%。坚持集约节约用海，严格控制单体围填海项目的面积和占用岸线长度。全年新增确权填海造地面积同比减少43%。大力推进海洋生态文明建设，江苏省政府批复并实施《江苏省海洋生态红线保护规划》《江苏省海洋生态红线实施监督管理办法》。推动海岸带修复与保护，完成了秦山岛、兴隆沙等海岛整治修复主体工程，新投入财政资金950万元，支持小官山和东凌湖整治修复。推进"湾长制"试点，连云港成为全国首批5个"湾长制"试点城市之一。

第二节　2018年海洋经济工作重点

1. 加强宏观指导与调控

开展"十三五"海洋经济发展规划中期评估工作，通过中期评估去发现和解决海洋经济发展尚存在的问题，不断提高海洋经济可持续发展能力。抢抓沿海经济带建设机遇，推动海洋经济高质量发展。提升政策支撑水平，积极推动《江苏省海洋经济促进条例》立法，通过地方性立法对全省海洋产业布局、政策扶持、科技创新、基础设施建设等予以规范化、制度化。进一步完善海洋产业发展指导目录。严控国家明确限制的产能过剩类产业的项目用海审批，优先保障海洋战略性新兴产业项目用海。

2. 做好江苏省第一次全国海洋经济调查工作

根据第一次全国海洋经济调查总体部署，省级海洋经济调查办公室发挥统筹协调职能，加强对市县指导，创新工作方法，全力做好调查数据汇总审核、成果集成和设区市海洋经济调查数据验收及表彰等工作，圆满完成江苏省第一次全国海洋经济调查。结合江苏海洋经济特色，运用海洋经济调查数据及图集开展海洋经济相关课题研究，强化海洋经济调查数据应用分析，发挥调查成果应用指导作用。

3. 推进海洋科技创新与海洋经济试点示范

进一步提升创新引领能力，全力支持省内 3 个海洋产业联盟围绕海洋环境保护、防灾减灾、观测探测以及海洋装备、海洋生物、海水淡化等新兴产业领域加强联合攻关，新开展 10 项以上公益性实用技术和产业关键技术创新与示范应用。加快推进南通海洋经济创新发展示范城市建设，深入实施深远海立体观测装备等七大类产业链协同创新重大项目，围绕科技创新和成果转化关键环节，加强技术协作，推进海洋产业重点领域取得新突破。

4. 完善海洋经济运行监测评估工作体系

加强与江苏省统计局的数据共享、业务合作机制建设，按时序完成海洋经济统计核算工作，积极推进涉海企业直报工作。以江苏省第一次全国海洋经济调查涉海单位名录为基础，以与统计部门合作建立名录库共享及更新机制为蓝图，加强江苏省涉海、用海企业名录库建设，推进江苏省海洋经济运行监测与评估系统的业务化运行，逐步实现共享数据网络交换。

5. 提高海洋经济运行监测评估能力

加强对涉海企业直报数据以及海洋统计核算数据的评估分析，针对江苏省多种用海方式的海洋产业活动特点，开展经济效益评估。全面完成第一次全省海洋经济调查和成果集成，根据海洋经济调查数据，强化有关数据的应用分析。进一步完善省级海洋经济核算办法，将绿色核算指标纳入省级核算体系。强化海洋经济运行监测与评估，推进重点企业数据直报，拓展季度评估，强化分地区、分产业分析评估，健全与统计部门的数据共享和业务合作机制。

6. 强化海洋综合管理

加强围填海管控，颁布实施《江苏省海洋主体功能区规划》。开展《江苏省海洋功能区划（2011—2020 年）》修编工作，适时启动《江苏省海洋功能区划（2021—2030 年）》编制前期工作。暂停受理、审批一般性围填海项目。制定《江苏省项目用海控制指标》，严格控制单体围填海项目的面积。充分发挥海域动态监管系统作用，开展围填海存量和构筑物用海监测。开展"碧海""海盾"行动，加大违法用海查处力度，严厉查处"三边工程"。强化海岸线修复整治。推进《江苏省海岸线保护与利用规划》的出台，制订自然岸线保护与年度计划，严格限制可能改变或影响岸线自然属性的开发建设活动。进一步加大海岸线整治修复力度，积极争取各级财政专项资金，引入社会资本参与海岸线整治修复。强化海域有偿使用管理。提高项目用海生态门槛，完善市场化配置方式，探索开展风电项目用海招拍挂，提高精准用海水平。

第六章 上海市

第一节 2017 年海洋经济发展
主要成就及举措

经过多年发展，上海市海洋产业进一步集聚发展，洋山港区、外高桥港区发展势头良好，长兴岛、临港等船舶海工基地具有一定规模，初步形成"两核三带多点"的海洋产业布局。据初步核算，2017 年全市海洋生产总值达到 8 534 亿元，同比增长 14.3%（现价），占全市地区生产总值的 28.3%，海洋产业结构逐步转型升级，海洋三次产业结构比重为 0.04 : 34.9 : 65.1，海洋第一产业、海洋第二产业保持在一定的合理规模，海洋第三产业比重总体保持平稳，逐步向高端化、服务化、集约化转型升级。

1. 积极服务海洋经济发展

探索开发性金融支持海洋经济发展，促成上海市海洋局与国家开发银行上海市分行等有关六方签署了《关于共建上海海洋经济开发性金融综合服务平台的合作框架协议》，建立了工作机制，畅通了融资渠道，完成了 2 个海洋项目的授信额度，实现了平台的业务化运行。推进海洋经济创新发展示范工作，浦东新区成功获批"海洋经济创新发展示范城市"，重点推动海洋高端装备、海洋生物产业等新兴产业。加强海洋经济运行监测，重点推进海洋经济调查，推动 16 个区级调查机构的组建和经费落实，形成了市、区分级负责的工作机制；加强海洋经济统计核算和分析评估，依据《海洋统计报表制度》《海洋生产总值核算制度》完成数据采集报送、涉海企业直报工作；编制了 2017 年半年度和年度海洋经济运行监测分析报告，为海洋经济发展科学决策提供支撑。

2. 推进重点区域海洋经济发展

长兴岛和临港地区为上海市海洋"十三五"规划明确的海洋产业发展"两核"。2017 年，长兴岛海洋装备制造业实现新突破，实现总产值 403.3 亿元，占地区工业总产值的 98.6%。在外高桥造船有限公司、江南造船（集团）有限责任公司、沪东中华造船（集团）有限公司等落户长兴的造船基地支持下，高附加值和高端定制船舶制造比重持续上升，成为国家重要的船舶制造基地和海洋装备制造集聚区。同时，园区建设不断加快，19 家创客入驻长兴海洋科技港创客基地；崇明区与临港集团签订协议，共建长兴产业园区，合作开发"临港长兴科技园"，打造成为高端海洋装备制造中心、研发中心和服务中心，实现由"制造集群"向"创新集群"转变。临港地区依靠海洋科技创新带动产业发展，涌现出彩虹鱼、亨通海装、崇和实业等一批海洋高新科技企业，以及同济大学海洋科技研究中心、上海海洋大学深渊科学技术研究中心等一批科研机构，进一步推动高端海洋产业培育和孵化。临港海洋高新基地作为"国家科技兴海产业示范基地"，发展势头良好，吸引了 100 余家海洋企业入驻；成立了"上海海洋科技创新产业联盟"和开发性金融支持海洋经济发展服务等平台，为300 余家会员企业提供产业合作、金融支持、政策服务和信息共享等综合解决方案。2017 年基地实现产值 10.8 亿元，税收 1.3亿元，海洋科技成果转化数量累计达 70 项以上，设立创新机构17 家，公共服务平台共 16 项。

3. 着力推动海洋科技创新驱动

把握建设全球科技创新中心的契机，发展海洋高新技术，推动海洋科技协同创新，全面提升海洋科技进步对经济发展的支撑能力。大力扶持重点领域科技攻关。"海洋石油 981"荣获国家科技进步奖特等奖；海底观测网、海洋微生物关键技术等重大课题研究取得明显进展；液化天然气船和液化天然气海上转运系统技术研究课题获得国家"863"计划立项。不断创新产学研协同方式。引导支持涉海研究机构、高等院校和涉海企业加强资源整合和协同创新，持续推动深海勘探、深海装备材料、海洋生物医药和海洋工程建设这 4 个由上海市海洋局挂牌成立的工程技术研究中心建设，推进科技创新成果转化，助力海洋产业发展。

4. 持续开展海洋生态文明建设

始终坚持"绿水青山就是金山银山"的发展理念，不断促进海洋经济绿色可持续发展。贯彻落实"两办法一意见"，推进《上海市海岸线保护与利用管理办法》《上海市围填海管控实施意见》立法研究工作，落实中央全面深化改革委员会相关政策细化要求。完成海洋生态红线选划。按照自然资源部《关于全面建立实施海洋生态红线制度的意见》的要求，编制完成上海市实施方案，把海洋生态红线整体纳入全市生态保护红线体系，制定了严格的管控措施加以保护。积极探索海洋生态整治修复新思路、新模式、新机制，实施了鹦鹉洲湿地、大金山岛保护与开发利用等工程。

第二节　2018 年海洋经济工作重点

1. 探索建立金融支持海洋经济发展工作模式

推进金融支持海洋经济发展，积极落实《关于改进和加强海洋经济发展金融服务的指导意见》以及自然资源部、中国农业发展银行《关于农业政策性金融促进海洋经济发展的实施意见》，主动与中国人民银行上海总部、中国农业发展银行上海分行、中小微企业政策性融资担保基金等进行对接，建立工作关系，商讨合作方向。

2. 推进海洋经济创新发展示范工作

加快推进浦东新区海洋经济创新发展示范工作，充分发挥项目引领示范作用，围绕深海海工装备、海洋环境监测、海洋信息科技、海洋生物医药等方向，建立研发与转化功能平台，突破一批前瞻技术和先导技术，加速海洋高新技术成果转化落地，增强海洋产业科技创新能力，打造海洋经济高质量、高效益发展的区域示范典型。

3. 推动"长三角"海洋经济领域协同发展

以"长三角"高质量一体化发展为契机，推动浦东、宁波、南通、舟山等海洋经济创新发展示范城市签署海洋产业园区的战略合作协议，积极争取把海洋经济发展纳入"长三角"区域合作专题，发挥园区、企业等市场主体作用，深化海洋产业和科技创新等领域的交流协作，推动海洋信息和高端人才服务平台共建共享。

第七章 浙江省

第一节 2017 年海洋经济发展
主要成就及举措

2017 年，浙江省委、省政府围绕党的十九大提出的"坚持陆海统筹，加快建设海洋强国"重大战略部署，全面推进实施"5211"海洋强省行动计划，全省海洋经济发展持续向好，产业结构调整继续深化，发展质量明显提高，海洋科技创新能力不断增强，海洋经济发展在全省国民经济中的地位更加突出。据初步核算，2017 年全省海洋生产总值为 7 200 亿元，同比增长 9.1%（现价），占全省地区生产总值的 13.9%，海洋第一产业、第二产业、第三产业增加值占海洋生产总值比重分别为 7.1%、33.2% 和 59.6%。

1. 加强海洋强省、国际强港建设顶层设计

落实党的十九大做出的加快建设海洋强国战略部署，研究编制并于 2017 年 11 月印发实施《浙江省人民政府关于加快建设海洋强省国际强港的若干意见》，按照"5211"海洋强省战略目标要求，明确今后一个时期海洋强省、国际强港建设总体目标思路及主要任务举措。2017 年 9 月编制印发《浙江省现代海洋产业发展规划（2017—2022）》，明确全省"一核两带三海多区"的现代海洋产业空间格局。编制印发《提升宁波舟山港枢纽功能推动宁波"一带一路"建设综合试验区行动计划》，从支撑保障"一带一路"综合试验区建设，发挥宁波舟山港物流枢纽功能作用方面提出相关目标任务。同时，编制印发海洋海岛保护利用、海域岸线生态管控、海洋综合管理等一系列具体规划计划与方案，海洋强省建设的规划体系基本形成。

2. 聚焦涉海涉港重大国家战略举措实施

编制实施舟山江海联运服务中心建设实施方案，明确年度推进重大项目 132 个。举行舟山江海联运服务中心建设推进会暨重大项目签约仪式，集中签约 20 个重大项目，总投资 1 280 亿元。2017 年完成江海联运货物吞吐量超过 2.6 亿吨，增长 15%。浙江自贸试验区全面启动，全力推进政策和体制机制改革创新，重点促进通关便利化，聚焦油品全产业链，2017 年实现保税油直供量

182.8 万吨，同比增长 71.8%；实现结算量 480.4 万吨，同比增长 45.2%，占全国结算量近 50%，全面打响了"舟山保税油"品牌。

3. 加大涉海涉港重大项目推进力度

印发实施《浙江省"十三五"海洋经济和海洋港口发展重大建设项目规划》，2017 年安排重大项目 412 个，计划投资 1 802 亿元，全年实际完成投资 2 096 亿元。持续实施海洋经济专项资金支持政策，资助各类海洋经济相关产业及基础设施项目 65 个。一批重大项目进展顺利，如新奥舟山液化天然气（LNG）接收及加注站一期工程即将建成，绿色石化基地项目一期工程进入设备安装阶段，黄泽山项目二期工程等项目加快推进。

4. 谋划打造海洋经济发展特色功能平台

用足用好落地浙江的相关国家级战略举措优势，充分利用现有海洋产业发展特色及潜力优势，全面融入浙江省正在大力推进实施的大湾区、大通道等"四大"建设，找准海洋经济支撑全省重大战略举措的结合点与发力点，培育一批新的海洋经济功能平台。向国家申报设立 3 个国家级海洋经济发展示范区，高水平培育建设产业相对集聚的 35 家海洋特色产业功能区块。同时，组织修编象山、洞头、玉环、大陈海洋海岛开发保护试验区和嘉兴滨海港产城统筹发展试验区规划，推动相关试验区提升发展。

5. 着力提高海洋科技创新水平

2017 年，宁波市入选国家"十三五"海洋经济创新发展示范城市，将浙江省海洋科学院积极打造成国内一流的海洋科技创新平台和省部共建典范。与国家海洋信息中心、国家卫星海洋应用中心、国家海洋技术中心、自然资源部海洋减灾中心这四大中心签订战略合作协议，推进海洋信息化工作。与中国水产科学院开展全方位战略合作，实施水产科技联合推广行动，推广应用 35 个（项）主推品种和模式技术，培训渔民 50 余万人次，实现增效超 10 亿元。

6. 积极提升海洋综合管理能力

在海洋管理领域积极落实"最多跑一次"改革，全省涉海系统 60 多件事项的申请材料精简了 32%。在全国率先推进全域"湾（滩）长制"试点，开展自然岸线与生态岸线"占补平衡"及相关标准制定、海洋防灾减灾体制机制改革试点等工作。扎实推进温州市国家海域综合管理、海洋经济统计创新试点。修订报批了《浙江省涉海企业调查统计报表制度》，积极开展涉海企业直报数据采集、催报审核等工作，强化直报成果分析应用。截至 2017 年年底，已运行直报 14 期，新增企业 131 家，在用企业已达 1 613 家，全年平均报送率为 86%。全面开展浙江省第一次全国海洋经济调查，截至 2017 年 12 月底，全省大部分地区已开展涉海单位清查。全省除杭州外，待采集企业9.8万家，已实际走访6.2万家，清查完成率为63%。

7. 不断改善海洋生态环境

印发《关于进一步加强海洋综合管理推进海洋生态文明建设的意见》《浙江省海洋生态建设示范区创新实施方案》《浙江省海洋生态红线划定方案》，实施《浙江省滨海湿地管理与保护实施方案》，以县域为单位开展海洋生态环境承载能力评估，推动全省资源环境承载能力监测预警试点工作。申报三门湾国家级海洋公园，开展瓯江口滨海湿地海洋特别保护区选划，组织指导全省已建海洋保护区开展规范化建设、生态修复等工作。实施舟山马鞍列岛、中街山列岛2个国家级海洋牧场示范区建设，选划经济鱼类产卵场保护区10个，增殖放流各类水生生物苗种43亿单位。建立自然岸线"保有控制"与"占补平衡"制度，印发实施《浙江省海岸线保护与利用规划》，编制《浙江省海岸线整治修复三年行动》，完成岸线整治修复工程20千米。

第二节　2018年海洋经济工作重点

1. 不断优化海洋经济发展的框架体系

根据浙江省第十四次党代会关于"积极实施'5211'海洋强

省行动"的决策部署，进一步落实《浙江省人民政府关于加快建设海洋强省国际强港的若干意见》，组织完成《浙江省海洋强省行动中长期目标任务及推进策略》课题研究，形成40多项海洋强省指标体系及11项任务举措研究成果，并在此基础上推进成果转化，印发实施《浙江省"5211"海洋强省建设行动实施纲要》，明确到2022年，"5211"海洋强省体系基本建成，海洋强省建设对全省经济发展和海洋强国建设支撑作用明显增强；到2035年，全面建成海洋强省；2050年高水平建成海洋强省。

2. 着力打造国际强港和浙江世界级港口集群

一是聚力建设宁波舟山港，把规划建设重点放在港区功能布局的优化整合上，把基础建设重点放在港口泊位的合理集聚和"智慧港"的高标准打造上，把业务建设重点放在航运服务业的做优做强上。二是深化统筹省内、省外及海外港口功能布局、港口运营开发、多式联运体系建构、涉港资源一体化管理以及浙江省海港集团、宁波舟山港集团全球化投资经营能力建设。三是以义甬舟开放大通道为重点，以舟山江海联运服务中心为依托，以海港、陆港、空港、信息港"四港"联动为支撑，大力发展江海联运、海河联运，不断提升海铁联运、优化海公联运、发展海空联运；以宁波东部新城和舟山临港新城为核心，加快建设国际航运服务基地、国际海事服务基地和国际油品储运交易基地。

3. 大力推动发展现代海洋产业

继续推进实施《浙江省现代海洋产业发展规划（2017—2022）》，大力组织实施"55340"行动计划。做大做强五大"优势产业"、做足做优五大"潜力产业"、做实做准三大"未来产业"，推动建设40个现代海洋产业功能区。同时，坚持每年滚动实施300个左右的海洋经济发展重大建设项目。重点抓好波音737飞机完工和交付中心、舟山绿色石化基地、大榭石化四期工程、鼠浪湖铁矿石亚太分销中心、镇海物流枢纽港、舟山国家远洋渔业基地和苍南核电等特别重大项目的加速建设。

4. 加快创建海洋生态建设示范区

以长江经济带沿线11个省市联合开展长江流域环境治理，共同完成生态保护红线划定，全面建立生态保护红线制度为契机，合力开展海洋生态建设示范区创建。加大海洋生态保护的投入与建设力度，探索在基础设施、要素资源等领域实行海陆联动。制定分区分类保护海岛标准，建立重要海岛负面清单制度。深入实施重点海域海湾生态修复计划，试点开展滨海生态廊道建设，保护自然岸线和滨海湿地。执行"十三五"近岸海域污染防治专项规划和实施方案，深入推进杭州湾、三门湾、台州湾和乐清湾等重点区域水质污染治理和环境综合整治。加强陆海污染同步监管，实行污染物排海总量控制，不断削减陆源污染物排放量。全面清理非法或不合理设置的入海排污口。实现陆源入海排污口稳定达标排放，省控重点入海污染源在线监测。

5. 强化海洋科教创新能力

依托杭州城西科创大走廊、国家自主创新示范区、中心城市科技城等科创大平台建设和浙东南国家自主创新示范区创建，高效搭建海洋海港科技平台。鼓励和支持涉海高校院所与企业联合建立新型研发机构、创新联盟，开展科技成果转化长效机制与模式试点工作。依托中国科学院 STS 浙江中心、浙江清华长三角研究院等共建创新载体，组织技术攻关、技术转移与示范、知识产权运营。继续实施《浙江省海洋科技人才发展规划（2012—2020 年）》。

6. 积极推进涉海涉港政策机制创新突破

一是强化涉海涉港国家战略举措和重大开放平台的政策支持。认真落实《浙江省人民政府关于加快建设海洋强省国际强港的若干意见》，推进新一轮海洋（湾区）经济发展专项资金管理，充分发挥专项资金对海洋经济重大项目建设的支撑、推动作用。发挥中国（浙江）自由贸易试验区制度创新和辐射带动作用，做大和提升大宗商品自由贸易。用足用好舟山群岛新区、舟山江海联运服务中心、义甬舟开放大通道建设相关政策，支持建设物流、产业大通道。完善海洋经济国际合作等领域相关政策。积极争取更多开放政策、产业政策支持涉海涉港相关领域建设。二是强化海洋经济和海洋港口发展体制。统筹发挥浙江省海洋港口发展领导小组、浙江海洋经济发展示范区工作领导小组等涉海涉港议事协调机构作用。发挥浙江省海洋港口发展委员会在全省海洋经济综合协调、海港海岛海湾统筹开发与保护、海洋资源统筹管控等方面的职能作用。深化涉海涉港体制机构改革，建立上下对应、协调顺畅的海洋发展管理体制。创新和完善海洋经济统计监测方式方法，加快完善海洋经济统计监测工作机制。三是强化省际涉海涉港领域开放合作机制。深化大、小洋山区域浙沪合作机制和利益共享机制，加强对重大前瞻性问题的研究和政策协调。加强与其他沿海省市、长江经济带沿线省市在涉海涉港领域的合作。做强沿海地区现有综合保税区，推进设立杭州、温州、绍兴综合保税区，布局建设"一带一路"沿线海外仓群。四是强化重大项目建设推进机制。定期更新全省海洋港口重大建设项目库，建立健全海洋重大项目"四个一批"建设推进机制，开展重大项目建设跟踪服务。

第八章　福建省

第一节　2017 年海洋经济发展
主要成就及举措

2017 年，福建省坚持"强基础，搭平台，抓项目，优服务，做强做大产业"的工作思路，推进海洋经济持续平稳发展和海洋产业结构持续优化。据初步核算，2017 年全省海洋生产总值为 9 178 亿元，同比增长 14.7%（现价），占全省地区生产总值的 28.4%，海洋三次产业结构比重为 6.4∶33.6∶60.0。

1. 保障海洋经济稳步发展

指导福州、厦门开展国家海洋经济创新发展示范城市建设，推动福州、厦门创建国家海洋经济发展示范区。厦门南方海洋创业创新基地入驻众创空间团队 14 个、孵化区企业 7 个，3 家孵化区企业实现产品化生产。持续推进金融创新，现代海洋中小企业助保贷、海洋经济创新发展区域示范项目助保贷累计授信贷款4.3亿元；与中国进出口银行福建省分行、中国农业发展银行福建省分行、浦发银行福州分行签订战略合作协议。成功举办第四届福建海洋战略性新兴产业项目成果交易会暨海洋生物医药产业峰会，促成155个对接项目，总投资270.9亿元，同比增长14%。设立福建海洋高新产业科技创新基地，建立南方海洋创业创新基地。推动建设福建省虚拟海洋研究院协同创新平台和福建海峡蓝色经济试验区发展规划展示馆。稳步推进海洋经济运行监测与评估工作，初步搭建省、市、县三级联动海洋经济运行监测网络。基本完成福建省第一次全国海洋经济调查。

2. 推进产业融合发展

实施渔业品牌培育战略，组织开展名牌农产品、区域品牌创建，28个水产行业品牌获得"福建省名牌产品"称号。推进"水乡渔村"发展，成立福建省渔业行业协会休闲渔业分会，举办福建休闲渔业投资招商与旅游推介会。新增全国"最美渔村"4家，全国休闲渔业精品示范基地（休闲渔业主题公园）2家，全国休闲渔业示范基地2家。评选第十批"水乡渔村"13家、"福建最受欢迎水乡渔村"20家。天柱山、隆教湾欢乐海洋大世界项目进展顺利。草拟《福建省人民政府关于加快渔港经济区建设的六条措施》，出台《福建省渔港经济区产业基金管理办法（暂行）》《福建省渔港建设专项资金管理办法》，大力推广政府和社会资本合作模式，惠安崇武、东山大澳渔港经济区被列为全国首批农村产业融合 PPP 试点项目。

3. 提升科技支撑能力

实施海洋公益专项、福建省海洋高新产业发展专项，1 项成果获国家技术发明奖二等奖，1 项成果获全国农牧渔业丰收奖二等奖，4 项成果获国家海洋行业科技奖，10 项成果获福建省科学技术奖，《漳州海洋与渔业文化丛书》获国家海洋科技优秀图书奖。举办"走进福建省水产研究所'6·18'海洋科技成果专场对接会"，"石斑鱼杂交育种技术研发"等 9 个项目现场签订科技成果转化意向书。厦门南方海洋研究中心、自然资源部海岛研究中心建设有序推进。"闽台重要海洋生物资源高值化开发技术公共服务平台""国家藻类产业技术体系莆田综合试验站"等平台建设取得阶段性成果，"海洋生物种业国家地方联合工程研究中心"获批。积极构建水产技术联合推广机制，成立鳗鲡、石斑鱼产业创新联盟。通过实施基层水产技术推广补助项目，建设渔业科技试验示范基地 81 个，扶持渔业科技示范主体 1 390 个。

4. 加快管理体制改革

探索海洋生态文明体制改革，制定出台《"十三五"福建省海岸线管控实施暂行方案》。福建省政府发布实施《九龙江—厦门湾污染物排海总量控制试点工作方案》。深化海域论证和海洋环评改革，全面完成全省 13 个重点海湾海洋环境监测资料调查和整合，建立数据管理系统平台，出台《海洋环境和资源基础数据管理与使用规定》。深化行政审批"三集中"改革成效，成立行政审批处，行政审批和公共服务事项全部入驻行政服务中心，按时办结率 100%；建立"一个窗口受理、一站式审批、一条龙服务、一个窗口收费"标准运作模式；推进审批服务流程再造，压缩办理时限；38 个主项、52 个子项列为"一趟不用跑、最多跑一趟"事项；进一步规范"双随机一公开"监管制度，构建"职能归口、监审分离、批管并重"的行政审批新机制。

5. 推进海洋生态保护

加强海洋生态修复。支持宁德三都岛、福清黄官岛、泉州惠屿岛申报国家"生态岛礁"工程项目，完成连江洋屿和厦门火烧屿、鼓浪屿 3 个海岛整治修复以及牛山岛、兄弟屿 2 个领海基点岛立碑保护工作。中美海洋垃圾防治厦门—旧金山"伙伴城市"合作进展顺利，厦门海漂垃圾防治处置试点成为国家示范项目。开展"银色海滩"岸线修复工程，在福州、宁德、泉州等地实施"南红北柳"红树林种植及互花米草整治，罗源湾北山—岐头海岸形成罗源湾红树林海岸公园。开展"绿盾 2017"国家级自然保护区监督检查专项行动。推动《厦门珍稀海洋物种国家级自然保护区总体规划》落实，厦门中华白海豚保护及保护区管理经验成为全国的示范与标杆。顺昌县麻溪半刺厚唇鱼国家级水产种质资源保护区获农业农村部批准，全省国家级水产种质资源保护区达

11 个。《平潭综合实验区海坛湾国家级海洋公园总体规划》《福建东山国家级海洋公园总体规划》通过评审。拟定《闽南—台湾浅滩海洋生态与重点渔业水域修复行动方案》，开展海洋生态整体修复。

6. 强化海域海岛管理

福建省人大常委会出台《福建省海岸带保护与利用管理条例》，这是全国第一部关于海岸带保护与管理的地方性法规。认真落实《海岸线保护与利用管理办法》，将全省自然岸线保有率管控目标任务分解下达到沿海各设区市，列入地方政府环境保护目标责任制考核内容。开展全省海岸线调查统计工作，编制完成《福建省海洋主体功能区规划》。坚持保护与开发并重，强化用海要素保障，推动海洋经济社会发展重大项目和民生工程落地建设。进一步推进海域资源市场化配置，加强廉政风险防控，开展海域使用权出让网上公开试点工作，做到权力在阳光下运行。认真落实《无居民海岛开发利用审批办法》，全年批准开发利用长乐西洛岛，厦门火烧屿、大兔屿，莆田鸬鹚岛 4 个无居民海岛。福州市全覆盖建立市县两级海域收储机构。做好海域使用动态监管，完成福建省海域使用审批管理系统升级改造，县级海域动态监管能力建设项目通过验收。福建省海洋与渔业厅、交通运输厅联合出台《关于加快推进陆岛交通码头项目建设前期工作的通知》，开辟陆岛交通码头用海审批绿色通道。

7. 加强海洋领域对外合作

成功举办中国—小岛屿国家海洋部长圆桌会议。平潭国际海洋旅游与休闲运动博览会、"海洋杯"国际自行车公开赛取得较好成效。实施第二批中国—东盟海上合作基金 4 个子项目，开展第三批项目申报工作。厦门国际海洋周期间，成功举办第二届海洋事务国际研讨会、第二届海洋防灾减灾国际论坛、第四届厦门南方海洋研究中心海洋科技成果转化洽谈会。成功举办"妈祖文化与海洋减灾"主题论坛、第七届闽台水产技术研讨会、福州国际渔业博览会。积极拓宽对外合作空间，组织涉海企业与圣多美和普林西比、佛得角等国代表团进行座谈和对接。福建春申、福建恒水等企业在印度尼西亚、马来西亚等国投资建设的水产养殖基地顺利投产。

第二节　2018 年海洋经济工作重点

1. 建设现代化海洋经济体系

一是实施"数字海洋"建设，启动大数据中心建设。二是推进项目成果转化实施。举办第五届福建海洋战略性新兴产业项目成果交易会，建立福建海洋创新成果转移中心展示平台和福建海洋众创空间示范基地，完善虚拟海洋研究院"一网五基地"构架体系。建设厦门南方海洋研究中心研发基地。三是推进海洋经济创新发展示范。继续指导推进福州市和厦门市开展国家海洋经济创新发展示范城市建设工作，并做好中期考核评估。推进海洋工程装备产业技术创新战略联盟、海洋生物医药产业协会筹备工作。四是完善海洋产业园区建设。推动建设福州海洋研究院。推进闽台（福州）蓝色经济产业园、马尾琅岐海洋特色园区、福建海峡现代渔业经济区、石狮海洋生物科技园、厦门海沧海洋生物产业园区、诏安金都海洋生物产业园等一批海洋特色产业园区建设。推动"蛟龙"号装备科普基地、海峡蓝色经济试验区发展规划展示馆建设。充分发挥厦门南方海洋创业创新基地产业集聚和孵化引导作用，打造国内首个海洋"众创空间"。五是优化海洋产业发展环境。持续拓宽涉海企业融资渠道，建立多层次资本市场，服务海洋实体经济。继续深化"放管服"改革。利用第一次全国海洋经济调查数据，做好成果应用开发，全面推动市级海洋生产总值核算，推进海洋经济运行监测与评估系统业务化运行。

2. 加快海洋生态文明建设

一是坚持生态管海用海。加强围填海项目审查。编制海岸带保护区域名录。全面落实海洋生态保护红线区管控措施，确保海洋功能区水质达标率超过 85%，各级各类海洋保护区覆盖率达 7%。二是打好海洋污染防治攻坚战。实施九龙江—厦门湾污染物排海总量控制试点，推进罗源湾、泉州湾率先实施总量控制制度，落实减排任务，探索建立流域污染治理与河口及海岸带污染防治的海陆联动机制。推进陆源入海污染源排查工作，选择一批重点陆源入海排污口开展污染物排海监测，选择一批重点用海工程开展海洋环境影响监视，对 11 条主要江河入海口开展污染物排海监视监测。开展全国第二次污染源普查，开展入海排污口调查。三是加大生态保护修复力度。继续开展"百姓富、生态美"海洋生态渔业资源保护十大行动，编制实施"蓝色海湾"整治修复规划，推进"蓝色海湾"整治行动。支持福州滨海新城探索实施"滩长制"，推进海洋海岸公园建设示范工程。推进闽南—台湾浅滩海洋生态和重点渔业水域修复，支持沿海地区开展互花米草整治和红树林种植。推动惠安崇武国家级海洋公园建设，创建南日岛国家级海洋牧场示范区。发挥福建省滨海沙滩保护联盟作用，进一步完善机制，实施海漂垃圾整治。开展沙滩评级，塑造魅力岸线景观。支持平潭开展《滨海沙滩保护管理办法》立法工作。

3. 优化海域海岛资源配置

一是强化海岸带保护与管理。实施《福建省海洋主体功能区规划》和《福建省海岸带保护与利用规划》，按照不同海域主体功能，科学谋划海洋开发，合理布局海洋产业。二是加强海域使用监管。开展已批用海项目调查摸底和评估工作。三是加强海岛保护与管理。支持东山岛、城洲岛、湄洲岛、三都岛、南日岛、琅岐岛等发展特色海岛产业。支持厦门火烧屿、大兔屿，连江目屿岛、黄湾屿、虎橱岛，长乐东洛岛，莆田浮屿、西罗盘岛，泉州大竹岛等无居民海岛开发利用，发展高端海岛旅游产业。推动宁德三都岛、福清黄官岛、泉州惠屿岛等海岛开展"生态岛礁"工程，加快推进平潭大屿生态示范岛建设。四是推进市场化资源配置。全面推行海域使用权出让网上公开工作。依托现有交易场所开展海洋产权交易。推动海上构筑物纳入不动产登记工作。五是做好用海服务保障。推进宁德核电、霞浦核电、厦门新机场、平潭防洪防潮工程、漳州古雷、漳州核电、福州机场二期工程等国家重大项目用海用岛报批。改革和优化用海项目立项和环评机制，完善海洋环境和资源基础数据管理中心，开展海洋环境与资源基础数据二次开发与服务工作。

4. 夯实海洋防灾减灾基础

一是加强观测、监测、监视。实施《福建省海洋观测网建设规划》，构建海洋观测信息数据库，促进信息开放共享。争取完成《福建省海洋预警报能力升级改造》项目，卫星海洋遥感与通讯工程研究中心通过验收。开展汛期海上观测系统运行维护和小浮标海上比测验证工作，推进海上观测系统运行管理服务平台建设。做好台风和冷空气海洋灾害预警报，推动精细化网格预报技术应用和海洋预报产品发布整合。二是抓好海洋灾害防御。将福建省管辖海域按照行政区划和渔场确定单元，实行防御海洋灾害网格化管理。加强领海基线以内沿海各县渔排养殖人员、渔船管理。三是完善应急处置机制。推进全省海洋与渔业系统应急管理标准化建设，实现省、市、县应急管理机构、人员、职责、制度、经费"五到位"，推动乡镇建立渔船管控指挥中心，明晰应急管理层级。加强与边防、海事等部门的沟通协调，建立信息共享、共建海上治安、海上安全与救助联动等协助机制，探索区域、部门联动机制。开展渔业互助保险工作。四是推进基础设施建设。继续推进"百个渔港建设、千里岸线减灾、万艘渔船应急"防灾减灾"百千万"工程，完善全省渔港建设规划布局，加快在建渔港建设进度。全面推进"福建海洋渔船通导与安全装备建设"项目实施，力争"福建省海洋防灾减灾基础能力建设"项目完成验收。支持莆田国家海洋防灾减灾综合示范区建设，重点推进莆田、平潭海洋灾害风险区划与评估工作。

5. 深化对外交流合作

一是推进"海上丝绸之路"核心区建设。深化与海上丝绸之路沿线国家和地区海洋经济贸易文化交流与合作，重点开展与东盟、印度洋沿线和中东、非洲国家的海上互联互通，探索建立沿线港口城市联盟，共建一批"一带一路"重点项目。加强与东盟国家、岛屿国家在海洋生态环境保护与修复、海洋观测预报、海洋搜救、海洋防灾减灾等领域合作。继续举办福州国际渔业博览会、厦门国际海洋周。办好"妈祖文化与海洋精神"国际研讨会等活动，推进多层次、常态化交流交往。二是发挥中国—东盟海上合作基金作用。抓好海洋合作中心大数据、海洋公园生态服务平台、海洋产业技术服务平台、人文交流活动等项目实施。进一步完善中国—东盟海产品交易所建设。加快中国—东盟海洋产业公共服务平台建设。三是服务平潭国际旅游岛建设。继续举办平潭国际海洋旅游与休闲运动博览会、"海洋杯"平潭国际自行车公开赛、平潭国际海岛论坛，推动海洋、休闲、运动三大产业融合发展。落实中国—小岛屿国家海洋部长圆桌会议《平潭宣言》和合作框架计划，建设圆桌会议成果展示馆，开展岛屿国家回访交流，推动经贸项目对接、国际友城结好工作，建立中国—小岛屿国家项目合作信息库。

第九章　广东省

第一节　2017 年海洋经济发展
主要成就及举措

2017 年，广东省深入贯彻落实习近平新时代中国特色社会主义思想和党的十九大精神，不断优化海洋经济空间布局，扎实推动海洋强省建设，海洋经济高质量发展迈出重要步伐。据初步核算，2017 年全省海洋生产总值达 18 156 亿元，同比增长 13.7%（现价），占全省地区生产总值的 20.2%，海洋三次产业结构比重为 1.5：40.1：58.4。

1. 加强海洋经济宏观指导

2017 年 4 月，经广东省政府同意，印发实施《广东省海洋经济发展"十三五"规划》，为"十三五"时期广东海洋经济发展提供了宏观指导。同时，颁布实施了《广东省海岸带综合保护与利用总体规划》《广东省沿海经济带综合发展规划（2017—2030年）》《广东省海洋主体功能区规划》，出台《广东省海洋生态红线》，对广东省沿海地区发展、合理开发利用海洋资源进行了科学布局，其中印发实施的《广东省海岸带综合保护与利用总体规划》，是全国首部海岸带综合保护与利用规划。

2. 推动海洋产业优化升级

把大力发展海洋生物、海工装备、天然气水合物、海上风电和海洋公共服务等五大海洋产业作为发展海洋经济的重要抓手，推动广东省海洋产业优化升级。组织开展专题研究，召开海洋龙头企业座谈会。安排专项资金重点支持五大产业发展，加快五大产业海洋科技创新与成果转化，培育一批海洋龙头企业。加快天然气水合物产业化进程，编制行动方案。加强海上风电项目用海服务保障，开展《广东省海上风电发展规划（2017—2030年）》编制及海上风电场选址等工作。优化海洋领域"政产学研"创新体系。成立全国首家省级海洋创新联盟——广东海洋创新联盟。

3. 加快海洋生态文明建设

选划海洋生态红线，划定13类268个生态红线区，确定了广东省大陆自然岸线保有率、海岛自然岸线保有率、近岸海域水质优良比例等控制指标。在全国率先启动美丽海湾建设，建设汕头青澳湾、惠州考洲洋和茂名水东湾 3 个省级美丽海湾试点。湛江、珠海、汕头、惠州和东莞等地海岸整治修复取得实效，实现还海于民、还景于民。截至 2017 年年底，广东省拥有国家海洋生态文明建设示范区 5 个、国家级海洋公园 6 个，建成海洋渔业类型保护区 110 个、面积 50.35 万公顷，保护区数量、面积居全国前列。建成人工鱼礁区 50 座、面积 2.9 万公顷，建成海洋牧场示范区 12 个。开展入海排污口排查登记，共登记陆源排污口 1 138 个。加强近岸海域污染防治工作，建成省、市、县三级海洋环境监测网络，建设了珠江口、大亚湾在线监测系统。

4. 积极探索金融支持海洋经济发展路径

加大与开发性金融的合作，广东省海洋与渔业厅与国家开发银行广东省分行联合编制《广东海洋经济综合试验区系统性融资规划》，并签订《开发性金融支持广东海洋强省建设合作备忘录》，建立高层联席会议制度，共同赴沿海市开展开发性金融投融资需求调研，建立开发性金融促进海洋经济发展项目库。

5. 强化海洋综合管理

加强海洋工作领导，2017 年 7 月，召开广东省海洋工作领导小组工作会议，研究部署下一阶段海洋工作。加快海洋行政审批"放管服"改革，印发《广东省政府办公厅关于推动我省海域和无居民海岛使用"放管服"改革工作的意见》，确立了

"一个取消、两个下放、三个委托、四个服务、五项管理"的改革框架。7 项海洋与渔业省级行政职权事项已调整由广州、深圳市实施，推动 14 项海洋与渔业省级行政职权事项调整由各地级以上市实施。在台山、南澳、惠州等地开展养殖用海市场化出让试点。

第二节 2018 年海洋经济工作重点

全面贯彻习近平新时代中国特色社会主义思想和党的十九大精神，按照习近平总书记"四个走在全国前列"的要求，进一步解放思想，改革创新，坚持规划引领、陆海统筹，聚焦海洋经济发展、海洋生态文明建设和实施渔区振兴战略三大重点，进一步提升海洋资源开发利用和保护能力，为经济社会发展和海洋强国建设做出贡献。

1. 坚持示范带动，推动海岸带综合示范区建设

认真组织实施《广东省海岸带综合保护与利用总体规划》，研究制定具体实施方案，明确海岸带区域开发强度管控、发展方向、管制原则和制度安排。在粤东、粤中和粤西地区各建设 1 个海岸带综合示范区，突出特色，示范引领。在海洋生态修复、"多规融合"、陆源污染防控、海洋防灾减灾体系和海洋经济高质量发展等五个方面做出示范。

2. 按照高质量发展要求，着力抓六大海洋产业发展

组织制订海洋电子信息、海洋生物、海工装备、海上风电、海洋油气和海洋公共服务业等六大海洋产业发展三年行动计划，明确产业发展目标、路径和政策。组织编制《广东省海上风电产业链发展规划（2018—2030年）》。加快推进海洋信息产业发展。支持海洋科技创新与成果转化，培育一批海洋龙头企业。

3. 深化重点领域改革攻坚，激发发展活力

一是制定招标、拍卖、挂牌出让无居民海岛使用权管理办法。二是全面落实《广东省政府办公厅关于推动我省海域和无居民海岛使用"放管服"改革工作的意见》，加强省级下放职权事项监管。抓好"网上办事大厅"手机版开发应用，编制和公开海洋与渔业行政许可事项办事指南，推进建立电子证照库。三是建立"常规执法+专项行动+监督检查"三位一体的执法模式。实施海监执法"网格化"监管。探索推进海洋渔船"一本证"改革，继续推进渔船"检管分离"改革。

4. 加强海洋生态文明建设，建设美丽海洋

一是加强围填海管控，开展围填海大排查工作，强化项目用海需求审查、海洋生态修复和围填海日常监管。二是抓好国家海

洋督察反馈意见的整改落实。扎实做好海岸线修测的准备工作。开展无居民海岛使用权市场化出让试点，制定《广东省无居民海岛使用权市场化出让试行办法》，建立开发利用后评估制度。加快三角岛的开发利用，推进一批生态岛礁建设，加强海岛岸线的整治和修复。三是实施惠州大亚湾等重点海域陆源污染物总量控制制度。在湛江市开展"湾长制"试点，并探索在全省全面实施"湾长制"。实施近岸海域水质考核工作。落实好海洋垃圾（微塑料）防治国家行动计划。四是结合海岸带规划提出的分段管理要求和岸线占补平衡原则，研究制定修复方案，并制订美丽海洋行动计划。开展保护区勘界立标，启动保护区资源环境本底调查，完善保护区信息化建设。

5. 以渔港为重点，大力实施渔村振兴战略

一是推动各地党委、政府将渔港建设纳入当地政府和有关部门约束性指标，进行目标责任考核。二是积极推进渔港立法。积极探索建立渔港"港长制"。建立渔船进出港报告制度，探索渔获物定点上岸制度。三是加强渔港生态环境整治，建设文明美丽渔港，推进渔港标准管理示范。四是建立省级以上良种场补助奖励机制，支持建设3~5家"产学研、繁育推"一体化的现代水产种业园区。

6. 抓海洋立法执法，规范海洋开发秩序

一是推动制定《广东省海岛管理条例》，推进修订《广东省

海域使用管理条例》《广东省实施〈中华人民共和国海洋环境保护法〉办法》《广东省渔港和渔业船舶管理条例》《港澳流动渔船雇用境内渔工管理办法》。二是深入开展"海盾""碧海""中国渔政亮剑 2018"、无居民海岛保护和休禁渔等专项执法行动。认真贯彻落实《广东省水产品质量安全条例》。三是推进渔业安全生产网格化管理。加强培训和宣传。制定渔船检验、渔港管理和船员管理等渔业安全生产检查标准。加强渔船进出港管理。

第十章　广西壮族自治区

第一节　2017 年海洋经济发展主要成就及举措

2017 年，广西壮族自治区（以下简称"自治区"）海洋传统产业加快转型，海洋战略性新兴产业发展势头良好，现代海洋服务产业体系初现雏形，海洋经济总体实现稳步发展。据初步核算，2017 年全区海洋生产总值达 1 394 亿元，同比增长 11.4%（现价），占全区地区生产总值的 6.8%，海洋第一产业、第二产业、第三产业增加值占海洋生产总值的比重分别是 15.2%、33.4% 和 51.4%。

1. 完善海洋顶层设计，着力构筑向海经济新格局

落实习近平总书记关于打造向海经济的重要讲话精神，加快

编制向海经济发展战略规划。

2. 突出抓谋划、重实施，不断完善涉海基础设施

北海、防城港和钦州市的港口泊位和深水航道建设步伐加快，北海油气码头和旅游集散中心逐步建成，防城港国际邮轮和大宗散货枢纽成效显著，国家"一带一路"南向通道节点正式落户钦州，北部湾三港集聚效应和腹地辐射效应初步显现。北部湾港—印度/中东远洋航线正式开通，北部湾港集装箱班轮航线达到40条，通过我国香港及新加坡中转可到达全球主要港口。

3. 狠抓生态文明建设，厚植蓝色经济发展优势

出台《广西海洋环境保护规划（2016—2025）》，批准《广西海洋生态红线划定方案》，逐步探索建立起以红线制度为基础的海洋生态环境保护管理新模式。印发实施《广西壮族自治区海洋局自然岸线管控实施办法（试行）》，结合"蓝色海湾"行动和"南红北柳"工程，推进重大生态修复项目建设，保护红树林、珊瑚礁和海草场等典型海洋生态系统成效初显。北海市成为自治区首个国家级海洋生态文明示范区。深入开展"海盾""碧海""护岛"专项执法行动，维护自治区沿海地区用海用岛秩序。

4. 注重科技创新建设，海洋科教取得较大突破

持续增强创新能力，推进海洋经济创新发展示范建设，北海

市成功入选国家海洋经济创新发展示范城市。北海海洋产业科技园入选国家创新人才培养示范基地，成为自治区首个进入国家"万人计划"的项目。自然资源部第四海洋研究所加快筹建，推动自治区各大高等院校增设海洋相关专业，海洋科研队伍不断壮大。2017年，自治区海洋科技进步对海洋经济的贡献率达56%。

5. 高质量做好海洋统计，提升海洋经济运行监测与评估能力

高质量地完成2016年海洋统计报表和2017年上半年海洋生产总值核算报表以及《2016年广西壮族自治区海洋经济统计公报》的编制、发布工作。以北海市为试点，开展相关产业和科研教育管理服务业的市级核算，进一步完善了海洋经济统计核算体系。推进重点涉海企业联网直报，提高了数据报送时效的稳定性。建立和完善省级海洋经济运行监测与评估系统，并通过验收。初步搭建了国家、省、市、县四级监测体系，实现与国家直报系统的整合对接。

6. 落实各项改革措施，深化海洋重点领域改革

探索建立北部湾用海管理体制机制改革，自治区人民政府出台《关于深化用海管理体制机制改革的意见》。制定《广西海域使用权招标拍卖挂牌出让管理办法》。继续推进"放管服"改革，促进政府职能转变。探索开展海上执法队伍改革，广西海警、海监和水产部门建立了全国首个省级纳入政府边海防联合管控工作

的海上综合执法协作机制。稳步推进直属国有企业改革，完成了政企目标任务，维护了社会稳定。

7. 拓开放促合作，稳步推进对外交流合作

积极服务企业"走出去"，促进与共建"一带一路"国家开展的产业开放合作。其中，广西海世通食品股份有限公司在文莱的养殖项目合作建成投产，已投资800万元；广西祥和顺远洋捕捞有限公司在毛里塔尼亚开展的远洋渔业综合开发项目，第一期完成投资5.5亿元；北海保通食品股份有限公司在越南芒街投资1.5亿元建设的海鲜加工厂及冷链物流基地项目正在稳步推进。加强对外培训交流，加快筹备面向东盟的科技交流研讨和技术培训。促进桂台合作，启动桂台（北海）农渔业合作双创园项目。

8. 开展海洋经济调查，全面摸清海洋"家底"

成立广西壮族自治区海洋经济调查工作领导小组及其下设的办公室，印发《广西壮族自治区第一次全国海洋经济调查实施方案》，组织召开全国海洋经济调查广西领导小组第二次会议暨动员部署会，并加强系列相关培训。加强海洋经济调查前期工作的督促检查。紧抓各级调查机构海洋调查工作的落实，完成"两员"选聘和培训工作，启动涉海单位清查。定期向第一次全国海洋经济调查领导小组办公室上报广西海洋经济调查工作进展情况。全方位地开展调查宣传。

第二节 2018 年海洋经济工作重点

1. 认真谋划好海洋经济发展顶层设计

一是尽快出台《关于加快建设海洋经济强区的决定》，并适时召开全区海洋工作发展大会，编制《广西海洋经济发展实务指南》，对全区海洋经济发展进行总体布局。二是认真制定出台《广西打造向海经济行动方案》。三是实施《广西海洋生态红线划定方案》，争取自治区尽快出台《广西海域使用权招标拍卖挂牌出让管理办法》《广西海洋主体功能区规划》等重大涉海规划或文件，修改完善各级养殖水域滩涂规划，深化用海管理体制机制改革，进一步完善海洋空间开发布局。四是以"多规合一"为切入点，强化海洋和渔业规划与相关规划的衔接，增强各项规划之间的协调性、整体性和系统性，认真实施《广西海洋经济可持续发展"十三五"规划》《广西渔业发展"十三五"规划》《广西现代生态养殖（渔业）"十三五"规划》《广西现代标准渔港建设规划》和《广西现代海洋牧场建设规划》等规划。

2. 深化区域战略合作

一是与山东省海洋与渔业厅签订合作框架协议，共同推动广西海洋牧场、海洋渔业发展。二是在泛珠三角区域合作行政首长联席会议框架下，成立粤桂琼海洋经济合作区工作领导小组，共同拟定《粤桂琼海洋经济合作区建设方案》。三是加强与我国台湾地区渔业界在园区建设、冷链物流、生态养殖和休闲观光渔业等重点领域的合作。四是组织申报和推进落实重点国际交流合作项目，继续完成和申报中国—东盟海上合作基金项目，积极参加海洋和渔业招商推介活动，促进项目对接和落地。

3. 促进沿海三市优化产业布局和协调发展

与沿海三市人民政府分别签订战略合作框架协议，指导沿海三市发展海洋经济、合理开发海洋资源、保护海洋环境。重点指导北海市建设好海洋经济创新发展示范城市、国家科技兴海产业示范基地和国家级海洋生态文明示范区。

4. 高效开展海洋生态文明建设

一是根据国家海洋督察组反馈的《国家海洋督察反馈意见》，及时成立整改工作领导小组，认真制定整改方案，扎实抓好整改落实，严肃责任追究，并以此为契机建立健全有利于海洋生态文明建设的常态化工作机制。二是坚持陆海统筹、河海兼顾，完善海洋生态环境保护协调合作机制。三是严格划定海洋生态红线，强化海洋生态红线管控，确保海洋生态红线区面积不减少、生态不恶化。四是继续开展海洋环境实时入海污染物监督监管能力建设和海洋灾害预警报服务能力建设。五是统筹推进"蓝色海湾"

"南红北柳""生态岛礁"三大生态修复工程。六是进一步探索并推进海洋环境保护市场化，引导更多企业和民间资本进入海洋环境保护市场，培育和发展健全的产品、技术和服务体系。

5. 深入实施科技创新战略

一是制定海洋产业高端人才引进优惠政策，加快人才培养和引进力度。二是推进区内外涉海科研院校和区内涉海龙头企业建立海洋科技联盟，在海洋工程、海洋生物制药等领域推动建立海洋产业协同创新中心、海洋高科技产业基地和科技兴海基地，积极推动"政产学研用"的协同创新。三是积极引进高层次科技人才，积极承担国家重点基础计划、国家海洋公益性科研专项和国家自然科学基金等重大科研项目研究。四是大力培养海洋高层次人才，集中力量支持北部湾大学建设，支持广西大学等高等院校办好海洋学院。五是充分利用全区国家级、自治区级重点实验室，依托国家级高新区，加快提升海洋科技创新平台研发水平，建设区域性海洋科技创新和转移集聚区。

6. 推进体制政策改革，激发经济发展活力

一是做好与国家海洋规划政策的衔接，发挥政策在海洋经济发展中的引导作用，在落实好现有规划的同时，积极配合自治区党委、政府谋划出台一系列海洋产业扶持和激励政策。二是建立以定期经济制度统计为主体，以重点区域和重点产业的抽样调查、

专题调查、数据共享和行政记录为补充，以企业直报为重要手段的海洋经济统计调查体系。建立海洋经济自治区、市两级核算体系，提高广西海洋经济统计频度，探索国家—省市—涉海企业三级统计数据汇交体系，完成第一次全国海洋经济调查。按年度发布广西海洋经济统计公报和广西海洋经济发展年度指数。

第十一章　海南省

第一节　2017 年海洋经济发展主要成就及举措

2017 年，海南省深入贯彻国家"海洋强国"战略，积极应对各种困难与挑战，推动海洋经济总体实现平稳发展。据初步核算，2017 年全省海洋生产总值 1 294 亿元，同比增长 12.5%（现价），占全省地区生产总值的 29.0%，海洋三次产业结构比重调整为 21.1∶19.0∶59.9。

1. 强化海洋经济规划引领

印发《海南省海洋经济发展"十三五"规划》，围绕"两极两翼两圈层"发展布局，重点发展海洋旅游、海洋油气、海洋交通运输和海洋渔业等十大产业。编制完成《海南省海洋主体功能区规划》，报海南省政府待批。

2. 增强海洋经济发展示范带动

海口市获批国家第二批海洋经济创新发展示范城市，推动 31 个重点项目立项和落地。海南省发展和改革委员会和省海洋与渔业厅共同推动东方市和陵水县申报国家海洋经济发展示范区。

3. 推进渔业供给侧结构性改革

一是实施捕捞渔船减船计划，减船 300 艘。二是建设完成深水网箱 991 口，落实补贴资金 3 000 万元。三是做大做强渔业品牌，新增 3 家省级水产良种场，新增 4 家省级渔业龙头企业，18 家养殖基地完成无公害产地认定，选育评定水产新品种 2 个，完成"述宝牌马鲛鱼"和"翔泰、红椰牌冻罗非鱼/片"2 个海南省名牌产品认定。四是大力发展休闲渔业，《海南省休闲渔业管理办法》列为海南省第六届人大常委会（2018—2022 年）立法规划，琼海潭门、三亚西岛被农业农村部评为"最美渔村"，万宁中华龙舟赛被农业农村部评为有影响力的休闲渔业赛事。

4. 优化海域海岛资源配置

为保障重点项目用海，2017 年全省共批准用海项目 8 个，面积 265.5 公顷。同时，做好海岛开发保护立法，完成《海南省实施〈无居民海岛开发利用审批办法〉办法》初稿以及《海南省无居民海岛保护与利用管理条例》立法前期工作。

5. 完善海洋生态保护管理机制

一是划定海南岛近岸海域生态保护红线范围共计 8 316.6 平方千米，占近岸海域面积的 35.1%，拟定三沙海域生态保护红线划定方案。二是推进乐东和陵水"蓝色海湾"整治行动。编制《海南省海洋生态整治修复规划（2017—2020 年）》。三是海口市获批纳入全国第一批"湾长制"试点城市。四是万宁老爷海和昌江棋子湾获批成为国家级海洋公园。五是组织文昌和海口 2 个海洋牧场建设项目实施工作，落实补贴资金 4 000 万元。六是完成 434 个海洋环境站位的监测，获取监测数据约 30 000 个，发布监测通报 59 期，水质优良率达 98% 以上，开展应急监测 5 次，出具应急监测报告 6 份。

6. 提升海洋与渔业发展基础能力

一是推进渔港升级改造，海南省 10 个二级渔港和 4 个避风锚地列入《国家渔港升级改造和整治维护规划》。完成乐东岭头一级渔港和儋州白马井中心渔港的验收、东方八所渔港的整改和验收、临高新盈渔港的概况调查、文昌清澜渔港升级改造的评审以及海口市亮脚渔港、儋州市泊潮渔港升级改造资金的申报工作。二是提升海洋渔业执法装备水平，完成海南省海洋与渔业监察总队不同吨级渔政船的验收。三是提升科技创新支撑能力，支持海南省热带海洋大学建设，与国家海洋信息中心、自然资源部天津海水淡化与综合利用研究所、南开大学和海南大学建立战略合作关系。

第二节 2018 年海洋经济工作重点

1. 推进海洋渔业健康发展

一是策划一批升级改造海洋渔业的新项目，继续指导和支持海口市建设海洋经济创新发展示范城市，组织提出 50 个滨海旅游驿站选址建议。二是继续发展深远海增养殖，大力发展生态网箱，计划 2018 年新增深水网箱 750 口，新建 3 个大型智能化养殖网箱，新增 1 万吨产能。鼓励发展贝藻类增养殖等碳汇渔业。三是支持渔业种业发展，组织开展省级水产原良种场考评，申报国家渔业种质资源场建设项目，鼓励水产养殖新品种研发。协助推进文昌会文—琼海长坡水产苗种产业带整治及转型升级，打造国家热带水产苗种繁育及供应基地。四是推进海洋牧场建设，2018 年争取实现 2 个以上海洋牧场建设项目进入礁体投放阶段，并建立项目管理档案。五是加强国内市场和"一带一路"沿线国家、泛南海国家水产品市场的开拓，组织企业参加大型博览会，组织企业与电商平台合作。鼓励企业研发精深产品，更新及引进先进加工生产线。六是支持三亚、文昌、琼海、陵水、东方和儋州等市县开展休闲渔业试点工作，鼓励部分内陆市县开展养生综合休闲渔业试点工作。开展 2018 年度全国休闲渔业品牌申报，制定省级休闲渔业品牌认定标准，认证一批省级品牌。开展全省休闲渔业数据监测与统计工作。

2. 加强海洋生态环境保护

一是落实中央环保督察组和国家海洋督察组提出的各项反馈意见，研究制定整改方案，细化落实措施，按计划逐项落实整改工作，及时总结上报。二是开展麒麟菜、白蝶贝保护区资源调查。开展三亚珊瑚礁保护区珊瑚生态环境监测调查，开展专项联合执法检查，开展珊瑚礁培育移植试验及示范推广。开展万宁大洲岛保护区生态恢复工作，升级巡查巡护执法装备，提升管护能力。开展海洋特别保护区（海洋公园）选划，推进海口湾、七连屿国家级海洋公园申报。三是制定出台《海南省海岸线保护与利用管理实施办法》。组织完成全省海岸线调查统计和审批。报批领海基点保护范围选划报告。四是全面推行"湾长制"，制定出台"湾长制"实施方案。开展"蓝色海湾"整治行动，开展重点海湾海洋生态环境承载力研究，加强海洋生态环境整治修复工作，出台《海南省蓝色海湾整治行动方案》。五是出台《关于促进水产养殖业绿色发展的指导意见》。完成《养殖水域滩涂规划》编制工作。持续推进无序养殖整治和水产养殖污染治理。落实水产养殖发证登记制度。落实行业行政监管及环境保护各项措施，重点抓好文昌会文、万宁老爷海和小海、陵水新村和黎安等重点区域的整治工作。

3. 强化海洋综合管理

一是出台《海南省围填海管控实施办法》。梳理违规填海项目，组织开展后评估并组织编制生态修复方案。完善海域资源市场化出让机制和相关制度，加强海域动态监视监测管理工作。启动海南省海域使用金标准制定及海域使用基准价格体系建设工作。推动《海南省无居民海岛开发利用审批办法》尽快出台。二是继续推进减船转产工作。开展全省渔船数据入库和证书换发工作，推动整理、完善渔船档案。制定印发《海南省海洋渔船标准船型选定工作方案》。做好油补资金发放工作。三是开展全省渔业安全生产大检查，抓好检查整改落实。四是协调推进海洋综合行政执法改革，研究制定涉海执法单位间常态化联合执法机制的具体意见。组织开展海洋综合行政执法培训和资格考试。分片区推进"护蓝打非"专项执法行动。

4. 加强海洋基础设施建设

一是加快推进文昌铺前中心渔港建设和白马井中心渔港升级改造建设，推进清澜一级渔港维护整治工作和乐东岭头一级渔港污染防治试点工作。积极争取世界银行贷款支持西部渔港建设。做好 2018 年渔港升级改造项目征集申报工作。推动各渔港制定港章，规范渔港管理。推进创建"最美渔村"，制定《省级最美渔村建设认定指导意见》。二是完成省级海洋与渔业通信指挥中心主体工程建设。配备与升级海洋渔船通信导航与安全装备，新建和升级渔业岸台基站，新建部分中心渔港或一级渔港动态管理系统。建设全省海洋渔业大数据中心和"互联网+海洋渔业移动执法"。三是推进海洋预警报能力建设项目前期工作和技术业务大楼建设。争取完成5个海洋标准观测站验潮室建设并实现业务化运行。推进海南省海洋预警报升级改造项目。

5. 做好海洋公益服务

一是完善水产品质量安全抽检工作机制和基础数据库建设。按计划完成农业农村部和省级抽检。每季度开展水产品质量安全监督检查。开展水产品质量安全专项整治和水产品质量安全宣传周行动。二是完善"检管分离"改革管理相关规定，规范第三方专业检验机构的技术能力和人员条件，加快培育成立第三方验船师事务所、第三方渔船审图中心，依托第三方技术力量完成"检管分离"改革试点工作。三是研究养殖废水处理技术，建立水产养殖业转型升级示范工程。提升水产品检测实验室能力建设，完善质量管理体系文件，开展实验室扩项认证工作。四是推进海南省海洋与渔业厅行政许可事项100%实现全流程互联网"不见面审批"，进一步简化、优化审批流程，推进电子证照库的应用。五是推动和协助教育主管部门在全省中小学中开展海洋意识教育。鼓励海洋环保公益组织等非政府机构开展各类海洋意识教育、海洋环保行动等公益活动。加强各类媒体平台宣传、专题宣传，推动建立专业教育网站、海洋体验场所等。

第三篇　金融篇

第一章　金融促进海洋经济发展的总体环境

第一节　国家有关部门加强对金融服务海洋经济的引导

1. 加强金融服务海洋经济的顶层设计

按照《全国海洋经济发展"十三五"规划》关于"加快海洋经济投融资体制改革"的要求，国务院多部门联合就改进和加强海洋经济发展金融服务赴福建（厦门）、广东（深圳）、山东等地开展系列专题调研，重点围绕银行信贷服务、股权债券融资、保险服务和保障、多元化融资渠道、投融资服务体系和政策保障等方面开展调研。

2. 开发性、政策性金融促进海洋经济发展

持续推进《关于开展开发性金融促进海洋经济发展试点工作的实施意见》贯彻落实，截至 2017 年年底，开发性金融支持国内涉海项目贷款余额超过 1 400 亿元。中国农业发展银行积极开展"海洋资源开发与保护贷款"，2017 年发放涉海贷款超过 500 亿元。中国进出口银行致力于推动海洋经济国际合作，增强海洋产业国际竞争力，截至 2017 年年底，支持涉海项目贷款余额超过 1 100 亿元。

3. 推进海洋产业对接多层次资本市场

2017 年举办 2 场海洋中小企业投融资路演活动，为海洋中小企业搭建与风险投资、私募股权投资机构的交流对接平台。共有 6 家涉海企业实现首次公开募股（IPO），融资规模 51.2 亿元，有航发动力、开创国际、东方海洋、中国重工、成飞集成、石化油服和中航电子 7 家涉海企业发行股票或可转换债券 215 亿元。

4. 鼓励涉海企业拓展债券融资渠道

鼓励涉海企业通过企业债、公司债、私募债、超短期融资券和集合票据等多种形式融通资金，降低融资成本。2017 年，国家开发银行在银行间债券市场发行绿色金融债券，支持乐亭菩提岛

海上风电场等海洋领域绿色项目建设。

第二节 沿海地方政府积极推进金融支持海洋经济发展

1. 建立政银合作机制

　　山东省海洋与渔业厅与山东省农村信用社签订战略合作协议，联合印发了《关于加强全省海洋与渔业系统与农商银行系统全面业务合作的通知》，加大海洋产业信贷规模，约定每年100亿元的意向性整体授信额度。上海市海洋局与国家开发银行上海市分行、临港管委会等有关六方签署了《关于共建上海海洋经济开发性金融综合服务平台的合作框架协议》，推进海洋经济开发性金融综合服务工作机构和平台建设，完善中小微融资项目统贷、重大融资项目直贷功能。福建省海洋与渔业厅与福建省农村信用社签署战略合作协议，发挥农村信用社在服务广大渔民和中小微企业方面的优势，共同推进海洋产业发展。浙江省银监局按照"银监指导、协会组织、银行参与"原则，在舟山试点搭建"银政企"银团贷款会商平台，加强江海联运服务中心、大宗商品储运等基础设施建设项目的资金保障。

2. 加强规划和政策引导

《广东省海洋经济发展"十三五"规划》印发实施，提出发展海洋金融，构建现代海洋产业体系。中国人民银行青岛市中心支行以及青岛市金融工作办公室等六部门联合制定《关于深化金融服务实体经济支持全市新旧动能转换的指导意见》，引导金融机构通过银团贷款、专项贷款等方式支持海洋产业发展。《宁波市"十三五"金融业发展规划》明确宁波将建设"一带一路"海洋金融创新服务中心。

3. 开展涉海信贷风险补偿

福建省、厦门市、舟山市和湛江市等通过以财政资金作为风险补偿专项资金与银行合作推进涉海贷款。其中，福建省"现代海洋中小企业助保贷"累计授信贷款2.77亿元，"海洋经济创新发展区域创新示范项目助保贷"累计授信贷款1.52亿元，厦门市"海洋助保贷"发放贷款总额近3 000万元。

4. 设立海洋产业引导基金

天津市财政出资200亿元设立1 000亿元规模的天津海河产业基金，支持包括海洋装备在内的战略性新兴产业发展。浙江省组建成立浙江省海洋产业基金管理有限公司，推进浙江省海洋产业基金的设立。厦门市组建完成海洋产业创业投资基金，初期规模约 1 亿元，其中引导基金参股 5 000 万元，进行海洋战略性新兴产业定向投资。

5. 发展海洋领域政策性保险

广东省 2017—2020 年计划安排 2.3 亿元财政资金用于政策性渔业保险补助。福建省渔业互保协会"政策性水产养殖台风指数保险"被农业农村部评为 2017 年度金融支农服务创新试点项目，获得中央财政资金补助。

6. 加强海洋金融交流合作

浙江省人民政府金融工作办公室与舟山市人民政府联合主办中国（浙江）自由贸易试验区海洋金融高峰论坛。浙江舟山群岛新区海洋金融研究院成立，建设海洋金融领域研究、交流、合作的平台。

7. 推进海洋金融小镇建设

海南省开展"三亚·亚太"金融小镇建设，发展海洋金融，推动海洋开发。浙江省宁波市持续推进梅山海洋金融小镇建设，发展航运金融业务，探索集聚海洋领域创投、并购重组等特色金融业态。

第二章 金融支持有力促进海洋经济高质量发展

第一节 建立和发展涉海专业性金融机构

结合海洋产业发展需求和区域海洋经济特点，沿海各地成立专业性海洋银行或组建涉海专营机构，提升专业化服务水平。2017年6月，山东威海蓝海银行开业，作为山东省首家民营银行，以服务海洋经济为特色定位，注册资金20亿元。11月，海南农村信用合作联社三亚农商银行将渔村支行打造成为海洋支行，重点支持远洋捕捞、深海网箱养殖、休闲渔业、水产品加工和物流、游艇等海洋领域融资需求，提供专业化特色服务促进海洋经济发展。

第二节　优化创新涉海信贷服务

1. 创新涉海资产抵押、质押方式

银行业金融机构推进以海域使用权、无居民海岛使用权、在建船舶和船网工具指标等为抵押、质押担保的信贷产品，服务涉海企业。

2. 探索开展金融服务新模式

浦发银行与上海国际港务集团等合作，打造集多场景支付、多渠道融资、账户管理和技术支撑为一体的综合金融服务体系；江苏省银行业金融机构发展海洋渔业产业链上下游金融服务，解决多环节的融资需求；浙江省银行业金融机构创新支付结算方式，为海洋领域大宗商品贸易融资提供特色金融服务。

3. 提高涉海信贷服务效率

交通银行广东省分行等银行业金融机构通过调整优化信贷流程，实施信贷审批绿色通道，提高涉海授信审批效率。

第三节 提升涉海多元化金融保险服务

1. 发展海洋领域融资租赁

融资租赁公司充分发挥"融资与融物"相结合的特色功能，为涉海企业提供服务。2017年1月，浙江浙银金融租赁股份有限公司在舟山成立，重点服务海洋经济发展。民生金融租赁股份有限公司船舶租赁事业部持续推动船舶租赁国际化、专业化发展，截至2017年年底，船舶板块金融资产约370亿元。

2. 加强海洋领域保险保障

保险业金融机构不断提高海洋保险覆盖面，探索开发海洋保险产品，为海洋经济发展提供保障。2017年，海水养殖保险提供风险保障资金5.36亿元。

附表

表1　2017年国务院发布的涉海法律法规及政策规划

政策/规划	发布机构	发布时间
《"十三五"现代综合交通运输体系发展规划》	国务院	2017-02-28
《全面深化中国（上海）自由贸易试验区改革开放方案》	国务院	2017-03-31
《矿产资源权益金制度改革方案》	国务院	2017-04-20
《中华人民共和国统计法实施条例》	国务院	2017-05-28
《自由贸易试验区外商投资准入特别管理措施（负面清单）（2017年版）》	国务院办公厅	2017-06-16
《中华人民共和国环境保护税法实施条例》	国务院	2017-12-30

表 2　2017 年国务院有关部门发布的海洋经济相关政策规划

海洋产业	政策/规划	发布部门	发布时间
海洋渔业	《2017 年渔业扶贫及援疆援藏行动方案》	农业部办公厅	2017-03-17
	《深水抗风浪养殖网箱项目管理细则（试行）》	农业部办公厅	2017-10-16
海洋油气业	《中长期油气管网规划》	国家发展改革委、国家能源局	2017-05-19
	《能源体制革命行动计划》	国家能源局	2017-07-21
	《加快推进天然气利用的意见》	国家能源局	2017-07-21
海洋矿业	《深海海底区域资源勘探开发许可管理办法》	国家海洋局	2017-04-27
	《矿业权出让收益征收管理暂行办法》	财政部、国土资源部	2017-07-01
海洋可再生能源业	《新能源微电网示范项目名单》	国家发展改革委、国家能源局	2017-05-05
	《国家能源局关于公布风电平价上网示范项目的通知》	国家能源局	2017-08-31
	《全国碳排放权交易市场建设方案（发电行业）》	国家发展改革委	2017-12-18
船舶和海洋工程装备制造业	《增强制造业核心竞争力三年行动计划（2018—2020 年）》	国家发展改革委	2017-11-20
	《海洋工程装备制造业持续健康发展行动计划（2017—2020）》	工业和信息化部、国家发展改革委、科技部、财政部、中国人民银行、国务院国有资产监督管理委员会、中国银行保险监督管理委员会、国家海洋局	2017-11-27
海洋工程建筑业	《全国海堤建设方案》	国家发展改革委、水利部	2017-08-21

续表

海洋产业	政策/规划	发布部门	发布时间
海洋交通运输业	《航道通航条件影响评价审核管理办法》	交通运输部	2017-01-16
	《"十三五"交通领域科技创新专项规划》	交通运输部	2017-05-02
	《港口危险货物安全管理规定》	交通运输部	2017-09-04
海洋旅游业	《关于进一步加强出境游市场监管的通知》	国家旅游局	2017-05-26
	《服务业创新发展大纲(2017—2025年)》	国家发展改革委	2017-06-13
	《关于规范旅行社经营行为 维护游客合法权益的通知》	国家旅游局	2017-09-05
其他	《海岸线保护与利用管理办法》	国家海洋局	2017-04-05
	《全国海洋经济发展"十三五"规划》	国家发展改革委、国家海洋局	2017-05-04
	《"十三五"海洋领域科技创新专项规划》	科技部、国土资源部、国家海洋局	2017-05-22
	《外商投资产业指导目录(2017年修订)》	国家发展改革委、商务部	2017-06-28
	《海洋标准化管理办法实施细则》	国家海洋局	2017-07-10
	《围填海工程生态建设技术指南(试行)》	国家海洋局	2017-10-10
	《中华人民共和国海洋倾废管理条例实施办法(2017年修订)》	国家海洋局	2017-12-29

表 3　2017 年沿海地区发布的海洋经济相关法律法规与政策规划

地区	政策/规划	发布部门	发布时间
辽宁	《辽宁省水路运输管理规定》	辽宁省人民政府	2017-12-20
	《辽宁省"十三五"推进基本公共服务均等化规划》	辽宁省人民政府	2017-12-30
河北	《河北省交通运输安全生产风险管理实施办法（试行）》	河北省交通运输厅	2017-10-13
	《河北省交通运输安全生产隐患治理实施办法（试行）》	河北省交通运输厅	2017-10-13
	《河北省矿产资源总体规划（2016—2020 年）》	河北省国土资源厅	2017-10-31
天津	《天津市船舶排放控制区实施方案》	天津市人民政府办公厅	2017-08-02
	《天津市海洋听证工作规则》	天津市海洋局	2017-10-27
山东	《2017 年山东省海洋伏季休渔管理工作方案》	山东省海洋与渔业厅	2017-04-18
	《山东省海域动态监视监测工作规范（试行）》	山东省海洋与渔业厅	2017-06-08
	《山东省渔业船舶建造单位技术条件评价办法（试行）》	山东省海洋与渔业厅	2017-07-28
	《山东省海洋主体功能区规划》	山东省人民政府	2017-08-25
	《山东省海洋经济调查管理办法》	山东省海洋与渔业厅	2017-10-19
	《山东省第一次全国海洋经济调查质量控制管理制度》	山东省海洋与渔业厅	2017-10-19

续表

地区	政策/规划	发布部门	发布时间
江苏	《江苏省海洋生态红线保护规划（2016—2020年）》	江苏省海洋与渔业局	2017-04-29
	《江苏省气象灾害防御条例（2017年修订版）》	江苏省人民代表大会常务委员会	2017-06-05
	《江苏省气候资源保护和开发利用条例》	江苏省人民代表大会常务委员会	2017-06-05
	《江苏省"十三五"海洋事业发展规划》	江苏省海洋与渔业局	2017-08-21
	《江苏省海洋生态红线实施监督管理办法（试行）》	江苏省海洋与渔业局	2017-11-21
	《江苏省水域治安管理条例》	江苏省人民政府	2017-12-03
上海	《上海市能源发展"十三五"规划》	上海市人民政府	2017-03-15
	《关于共建上海海洋经济开发性金融综合服务平台的合作框架协议》	上海市海洋局、国家开发银行上海市分行	2017-07-03
	《关于推进上海美丽健康产业发展的若干意见》	上海市人民政府	2017-09-14
浙江	《关于进一步加强海洋综合管理推进海洋生态文明建设的意见》	浙江省海洋与渔业局	2017-01-24
	《浙江省围填海计划指标差别化管理暂行办法》	浙江省海洋与渔业局	2017-02-27
	《浙江省海洋生态红线划定方案》	浙江省人民政府	2017-09-04
	《浙江省海岸线保护与利用规划》	浙江省海洋与渔业局	2017-09-15
	《浙江省现代海洋产业发展规划（2017—2022）》	浙江省海洋经济领导小组办公室	2017-09-15
	《浙江省人民政府关于加快建设海洋强省国际强港的若干意见》	浙江省人民政府	2017-12-08

续表

地区	政策/规划	发布部门	发布时间
福建	《福建省渔业船舶安全生产风险分级分类管控办法（试行）》	福建省海洋与渔业厅	2017-03-31
	《福建省水资源条例》	福建省人民代表大会常务委员会	2017-07-25
	《福建省"十三五"节能减排综合工作方案》	福建省人民政府	2017-08-08
	《福建省矿产资源总体规划（2016—2020年）》	福建省人民政府	2017-09-12
	《福建省海岸带保护与利用管理条例》	福建省海洋与渔业厅	2017-09-30
广东	《广东省海洋经济发展"十三五"规划》	广东省海洋与渔业厅、广东省发展改革委	2017-06-07
	《广东省海洋生态红线》	广东省人民政府	2017-09-29
	《广东省海岸带综合保护与利用总体规划》	广东省人民政府、国家海洋局	2017-10-27
	《广东省沿海经济带综合发展规划（2017—2030年）》	广东省人民政府	2017-10-27
	《广东省海洋主体功能区规划》	广东省人民政府	2017-12-08

地区	政策/规划	发布部门	发布时间
广西	《广西海洋经济可持续发展"十三五"规划》	广西壮族自治区人民政府办公厅	2017-03-29
	《广西海洋环境保护规划（2016—2025）》	广西壮族自治区海洋和渔业厅、广西壮族自治区环境保护厅	2017-08-30
	《关于深化用海管理体制机制改革的意见》	广西壮族自治区发展改革委、广西壮族自治区国土资源厅	2017-10-16
	《南珠产业标准化示范基地建设总体方案》	广西壮族自治区人民政府	2017-12-05
	《广西海洋生态红线划定方案》	广西壮族自治区海洋和渔业厅	2017-12-06
	《西部大开发"十三五"规划广西实施方案》	广西壮族自治区人民政府	2017-12-26
海南	《海南省生态保护和建设行动计划（2017—2020年）》	海南省发展改革委	2017-03-22
	《海南省"十三五"节能减排综合工作实施方案》	海南省人民政府	2017-05-26

表4   2017 年沿海地区海洋经济主要指标

沿海地区	海洋生产总值（亿元）	海洋生产总值占地区生产总值比重（%）
辽宁	3 426	14.3
河北	2 172	6.0
天津	4 263	22.9
山东	14 776	20.3
江苏	7 217	8.4
上海	8 534	28.3
浙江	7 200	13.9
福建	9 178	28.4
广东	18 156	20.2
广西	1 394	6.8
海南	1 294	29.0